ENVIRONMENTAL FLUID MECHANICS

MÉCANIQUE DES FLUIDES ENVIRONNEMENTAUX

T0295333

INTERNATIONAL COMMISSION ON LARGE DAMS
COMMISSION INTERNATIONALE DES GRANDS BARRAGES
61, avenue Kléber, 75116 Paris
Téléphone : (33-1) 47 04 17 80
http://www.icold-cigb.org./

Cover/*Couverture* : Cover illustration: "On site view of the aeration in operations for 150 m³/s (EDF)

Vue sur site de l'aération en exploitation pour 150 m³/s (EDF)

CRC Press/Balkema is an imprint of the Taylor & Francis Group, an informa business
© 2021 ICOLD/CIGB, Paris, France

Typeset by CodeMantra

Published by: CRC Press/Balkema
Schipholweg 107C, 2316 XC Leiden, The Netherlands
e-mail: enquiries@taylorandfrancis.com
www.routledge.com – www.taylorandfrancis.com

AVERTISSEMENT – EXONÉRATION DE RESPONSABILITÉ:

NOTICE – DISCLAIMER:

Original text in English
French translation by the Comité Marocain des Grands Barrages
Layout by Nathalie Schauner

Texte original en anglais
Traduction en français par le Comité Marocain des Barrages
Mise en page par Nathalie Schauner

ISBN: 978-1-138-49122-9 (Pbk)
ISBN: 978-1-351-03362-6 (eBook)

DOI: 10.1201/9781351033626

COMMITTEE ON HYDRAULICS FOR DAMS

COMITÉ DE L'HYDRAULIQUE DES BARRAGES

Members of Sub-Committee on Environmental Hydraulics
Membres du Sous-Commité sur l'Hydraulique Environnementale

President / *Président*

Belgium / *Belgique*   André LEJEUNE

Germany / *Allemagne*   Hans-Burkhard HORLACHER, Prof.
                                         Dr.- Ing

Venezuela   Nemesio CASTILLEJO

Egypt / *Egypte*   SAAD, Prof. Dr.-Ing.,

Sweden / *Suede*   Karl RYTTERS

Australia / *Australie*   R. J. (Bob) WARK, MEngSc. CPEng

United States / *Etats Unis*   Dr. James E. LINDELL

Portugal   Carlos Matias RAMOS

India / *Inde*   Siba PRASAD Sen, M. E.

SOMMAIRE	CONTENTS

TABLE DES MATIÈRES

TABLE OF CONTENTS

TABLEAUX & FIGURES

TABLES & FIGURES

TABLES

FIGURES

AVANT PROPOS

Les barrages retiennent l'eau qui peut être utilisée pour les besoins humains, tels que la production d'énergie hydroélectrique, l'eau potable, l'irrigation, le contrôle des inondations, l'augmentation du débit en aval pendant les périodes de faible débit. Malgré ces effets positifs, les incidences sur l'environnement suscitent de nombreuses préoccupations. La modification du modèle d'écoulement en aval peut entraîner une modification du régime des sédiments et des éléments nutritifs. La température de l'eau est modifiée et peut entraîner une modification de l'habitat du poisson et de la biodiversité. Ces impacts sur l'environnement sont complexes et d'une grande portée, éloignés du barrage et peuvent survenir au moment de la construction du barrage ou ultérieurement.

Chaque barrage a sa propre caractéristique d'exploitation. Les barrages sont construits dans un large éventail de conditions, des hautes terres aux basses terres, des régions tempérées aux régions tropicales, des rivières à courant rapide et lent, des zones urbaines et rurales, avec et sans détournement d'eau. L'impact de la dérivation de l'eau diffère entre les pays du nord où le climat est tempéré et où il y a peu d'irrigation, contrairement aux comtés semi-arides qui peuvent avoir de nombreuses utilisations en dehors de la rivière et des taux d'évaporation élevés. La combinaison du type de barrage, du système d'exploitation, de l'emplacement, de la hauteur et des caractéristiques du réservoir permet d'obtenir un large éventail de conditions environnementales spécifiques au site et extrêmement variables. Cette complexité rend difficile la généralisation des impacts des barrages sur les écosystèmes, chaque contexte spécifique étant susceptible d'avoir différents types d'impacts et d'intensités différentes.

Barrages pour contrôler les inondations débit de pointe modéré. Les barrages hydroélectriques sont conçus pour créer un flux constant dans les turbines et ont donc tendance à avoir un effet similaire sur le modèle d'écoulement. Toutefois, si l'intention est de fournir de l'énergie en période de pointe, des variations de débit considérables peuvent survenir sur de courtes échelles de temps, créant des crues artificielles ou des inondations en aval. Les barrages destinés à l'irrigation entraînent des variations modérées du régime d'écoulement sur une plus longue période, stockant l'eau pendant les saisons de fort débit pour une utilisation en période de faible débit.

Ce bulletin compile les améliorations apportées aux connaissances et aux technologies de pointe pour éviter ou atténuer les impacts environnementaux des barrages sur l'écosystème naturel ainsi que pour les personnes qui en dépendent pour leur subsistance, et aborde également l'atténuation des impacts environnementaux sur les barrages et les réservoirs. Le bulletin a été organisé et rédigé par André Lejeune, Hans-B. Horlacher, Carlos Ramos et Robert Wark. Les autres membres du sous-comité de la liste ont contribué par d'importants commentaires et collaborations.

André LEJEUNE

PRÉSIDENT DU COMITÉ DE L'HYDRAULIQUE DES BARRAGES

Hans-B. HORLACHER

PRÉSIDENT, SOUS - COMITE DE L'HYDRAULIQUE DE L'ENVIRONNEMENT

FOREWORD

Dams impound water that can be used for human requirements, like hydro power generation, drinking water, irrigation, flood control, increase of downstream flow during low flow periods. Despite these positive effects there are significant concerns about environmental impacts. Altering the pattern of flow downstream may lead to a change of sediment and nutrient regime. Water temperature is altered and may lead to a change of fish habitat and to a change of biodiversity. These environmental impacts are complex and far reaching, remote of the dam and may occur in time with the dam construction or later.

Each dam has his own operation characteristic. Dams are built in a wide array of conditions, from highlands to lowlands, temperate to tropical regions, fast and slow flowing rivers, urban and rural areas, with and without water diversion. The impact of water diversion differs between northern countries where temperate climates and little irrigation occur, in contrast to semi-arid counties which may have extensive out-of-river uses and high evaporation rates. The combination of dam type, operating system, location, height and reservoir characteristic, yields a wide array of environmental conditions that are site specific and extremely variable. This complexity makes it difficult to generalise the impacts of dams on ecosystems, as each specific context is likely to have different types of impacts and to different degrees of intensity.

Dams for flood control moderate peak flow. Hydroelectric dams are designed to create a constant flow through turbines, and therefore tend to have similar effect on flow pattern. However, if the intention is to provide power at peak periods, variations in discharge of considerable magnitude can occur over short timescales, creating artificial freshets or floods downstream. Dams for irrigation cause moderate variations in flow regime on a longer timescale, storing water at seasons of high flow for use at times of low flow.

This bulletin compiles improvements in knowledge and state of the art technology to avoid or mitigate environmental impacts of dams on the natural ecosystem as well as to the people that depend upon them for their livelihood and also addresses the mitigation of environmental impacts on dams and reservoirs. The bulletin was organised and written by André Lejeune, Hans-B. Horlacher, Carlos Ramos and Robert Wark. The other listed members of the sub – committee have contributed with important comments and collaborations.

André LEJEUNE

CHAIRMAN, COMMITTEE ON HYDRAULICS FOR DAMS

Hans-B. HORLACHER

CHAIRMAN, SUB – COMMITTEE ON ENVIRONMENTAL HYDRAULICS

1. INTRODUCTION

1.1. CONTEXTE

Les barrages sont planifiés, construits et exploités de manière à répondre aux besoins humains : production d'énergie, production agricole irriguée, contrôle des inondations, approvisionnement public et industriel, fourniture d'eau potable et diverses autres fins. Les barrages retiennent l'eau dans les réservoirs pendant les périodes de forte crue, une eau qui peut être utilisée pour les besoins de l'homme pendant les périodes d'insuffisance des débits naturels. Les impacts positifs de barrages sont le contrôle des crues et l'amélioration du bien-être résultant du nouvel accès à l'irrigation et à l'eau potable. Sans barrages, la production alimentaire serait insuffisante pour nourrir la population du globe et l'énergie serait générée en brûlant des combustibles fossiles qui produisent des gaz à effet de serre.

Malgré ces progrès, d'importantes préoccupations subsistent quant aux retombées des barrages sur l'environnement. La maîtrise des écoulements par les barrages réduit habituellement les débits en période de crues naturelles. Modifier le mode d'écoulement en aval (c'est-à-dire l'intensité, le calendrier et la fréquence) peut entraîner en aval du barrage un changement du régime sédimentaire et nutritif. La température et la chimie de l'eau sont altérées et peuvent par conséquent conduire à une discontinuité du réseau hydrographique.

Ces impacts environnementaux sont complexes et d'une grande portée. Ils peuvent se produire au moment de la construction du barrage ou plus tard et peuvent entraîner une perte de la biodiversité et de la productivité des ressources naturelles.

Chaque barrage a ses propres modalités de fonctionnement. Les barrages sont construits dans toutes sortes de conditions : régions montagneuses ou plaines, zones tempérées ou tropicales, cours d'eau au courant rapide ou lent, milieu urbain ou rural, avec ou sans détournement des eaux. L'impact de la dérivation des eaux diffère entre les pays du Nord, où les climats sont tempérés et qui nécessitent peu d'irrigation, contrairement aux contrées semi-arides qui peuvent avoir des utilisations extensives en dehors des cours d'eau et des taux d'évaporation élevés. La combinaison du type de barrage, du système d'exploitation, de l'emplacement, de la hauteur et des caractéristiques du réservoir, donne un large éventail de conditions environnementales qui sont spécifiques au site et extrêmement variables. Cette complexité rend difficile de généraliser les impacts des barrages sur les écosystèmes, chaque contexte spécifique pouvant avoir différents types d'impacts et avec différents degrés d'intensité.

Tableau 1.1
Caractéristiques des barrages et réservoirs

Nom du barrage/pays	Hauteur (m)	Capacité réservoir (10^6 m³)	Superficie réservoir (km²)
Akosombo / Ghana	111	148,000	8,482
Kariba / Zambie-Zimbabwe	123	180,000	5,400
Three Gorges/Chine	185	39,300	1,045
Itaipu / Brésil-Paraguay	196	33,475	1,550
Jinping I/ Chine	305	7,760	82

DOI: 10.1201/9781351033626-1

1. INTRODUCTION

1.1. BACKGROUND

Dams are planned, constructed and operated to meet human needs - generation of energy, irrigated agricultural production, flood control, public and industrial supply, supply of drinking water, and various other purposes. Dams impound water in reservoirs during times of high flood that can be used for human requirements during times with inadequate natural flows. Positive impacts of dams are improved flood control, improved welfare resulting from new access to irrigation and drinking water. Without dams there would be insufficient food to feed the world's people and energy would be generated by burning fossil fuels that produce greenhouse gases.

Despite this progress there remain significant concerns about the environmental impacts of dams. The control of floodwater by dams usually reduces flow during natural flood periods. Altering the pattern of downstream flow (i.e. intensity, timing and frequency) may lead downstream of the dam to a change of sediment and nutrients regime. Water temperature and chemistry is altered and consequently may lead to a discontinuity in the river system.

These environmental impacts are complex and far reaching, remote of the dam, and may occur in time with the dam construction or later and may lead to a loss of biodiversity and of productivity of natural resources.

Each dam has his own operation characteristic. Dams are built in a wide array of conditions, from highlands to lowlands, temperate to tropical regions, fast and slow flowing rivers, urban and rural areas, with and without water diversion. The impact of water diversion differs between northern countries where temperate climates and little irrigation occur, in contrast to semi-arid counties which may have extensive out-of-river uses and high evaporation rates. The combination of dam type, operating system, location, height and reservoir characteristic, yields a wide array of environmental conditions that are site specific and extremely variable. This complexity makes it difficult to generalise the impacts of dams on ecosystems, as each specific context is likely to have different types of impacts and to different degrees of intensity.

Tableau 1.1
Characteristics of Dams and Reservoirs

Name of dam/country	Height (m)	Reservoir Capacity (10^6 m³)	Reservoir area (km²)
Akosombo / Ghana	111	148,000	8,482
Kariba / Zambie-Zimbabwe	123	180,000	5,400
Three Gorges/Chine	185	39,300	1,045
Itaipu / Brésil-Paraguay	196	33,475	1,550
Jinping I/ Chine	305	7,760	82

Les barrages de protection contre les inondations réduisent les débits de pointe. Les barrages hydroélectriques sont conçus pour créer un flux constant à travers des turbines et tendent donc à avoir un effet similaire sur la configuration des écoulements Toutefois, si l'objectif est de fournir de l'énergie en période de pointe, des variations de débit d'une ampleur considérable peuvent survenir sur des périodes courtes, créant des crues artificielles ou des inondations en aval. Les barrages d'irrigation provoquent des variations modérées du régime d'écoulement sur une échelle de temps plus longue, stockant de l'eau en saison de débit élevé pour une utilisation en période de faible débit. Les flux qui dépassent la capacité de stockage sont normalement déversés, permettant à certaines crues de passer en aval, quoique sous une forme atténuée. Les barrages sont souvent conçus pour avoir des fonctions multiples auquel cas leurs impacts seront une combinaison des formes ci-dessus. Il convient de noter que les ouvrages hydrauliques comme les déversoirs peuvent avoir des effets similaires à ceux des barrages ainsi que des ouvrages de dérivation des eaux ou des projets de transfert d'eau entre bassins.

Le présent bulletin compile l'amélioration des connaissances et des technologies les plus récentes pour éviter ou atténuer les impacts environnementaux des barrages sur l'écosystème naturel ainsi que pour les personnes qui en dépendent pour leur subsistance. Il aborde également l'atténuation des impacts environnementaux sur les barrages et les réservoirs.

1.2.   IMPACTS EN AMONT

1.2.1.   La qualité de l'eau

L'eau stockée dans un réservoir profond tend à se stratifier thermiquement. Généralement trois couches thermiques se forment : une couche supérieure bien mélangée (l'épilimnion), une couche dense et froide de fond (l'hypolimnion) et une couche intermédiaire avec un fort gradient de température (la thermocline). L'eau de l'hypolimnion peut être inférieure de 10°C à celle de l'épilimnion. Dans l'épilimnion, le gradient de température peut s'élever à 2°C par mètre.

La stratification thermique dépend d'une série de facteurs, notamment des caractéristiques climatiques. Les réservoirs les plus proches de l'équateur ont moins de possibilités de se stratifier. A des latitudes plus élevées, le facteur déterminant est l'apport d'énergie solaire. Les réservoirs peu profonds réagissent rapidement aux fluctuations des conditions atmosphériques et risquent moins de se stratifier. Des vents forts peuvent exercer des variations rapides de la thermocline. Le profil des arrivées d'eau ainsi que la nature des sorties du réservoir influent sur le développement de la stratification thermique.

Les courants provoqués par de fortes fluctuations du niveau d'eau dans les réservoirs dus aux modes d'exploitation peuvent également empêcher parfois la stratification thermique. Beaucoup de réservoirs profonds, en particulier à des latitudes moyennes et élevées, se stratifient thermiquement comme le font les lacs naturels dans des conditions similaires. Les rejets d'eau froide dans le bassin de réception aval peuvent être une conséquence importante de la stratification.

Le stockage de l'eau dans les réservoirs induit des changements physiques, chimiques et biologiques de l'eau stockée, des sols et roches sous-jacents, tous ces éléments influant sur la qualité de l'eau. La composition chimique de l'eau du réservoir peut différer sensiblement de celle de l'eau entrant dans la retenue. La taille du barrage, son emplacement dans le réseau hydrographique, sa position géographique par rapport à l'altitude et à la latitude, le temps de stockage de l'eau et l'origine de l'eau influeront sur la manière dont la retenue de stockage modifie la qualité de l'eau.

Des changements majeurs induits biologiquement se produisent dans les réservoirs thermiquement stratifiés. Dans la couche de surface, le phytoplancton prolifère souvent et libère de l'oxygène en maintenant ainsi la concentration à des niveaux proches de la saturation sur la plus grande partie de l'année. En revanche, l'absence de mélange et de lumière pour la photosynthèse, combinée avec l'oxygène utilisé dans la décomposition de la biomasse immergée, crée souvent (mais pas toujours) des conditions anoxiques dans la couche inférieure.

Dams for flood control moderate peak flow. Hydroelectric dams are designed to create a constant flow through turbines, and therefore tend to have similar effect on flow pattern. However, if the intention is to provide power at peak periods, variations in discharge of considerable magnitude can occur over short timescales, creating artificial freshets or floods downstream. Dams for irrigation cause moderate variations in flow regime on a longer timescale, storing water at seasons of high flow for use at times of low flow. Flows that exceed the storage capacity are usually spilled, allowing some floods to pass downstream, albeit in a routed and hence attenuated form. Dams are often designed to have multiple functions in which case their impacts will have a combination of the above forms. It should be noted that hydraulic structures such as barrages and weirs can have similar impacts to dams, as well as water diversion structures or inter-basin transfer projects.

This bulletin compiles improvements in knowledge and state of the art technology to avoid or mitigate environmental impacts of dams on the natural ecosystem as well as to the people that depend upon them for their livelihood and also addresses the mitigation of environmental impacts on dams and reservoirs.

1.2.   UPSTREAM IMPACTS

1.2.1. Water Quality

Water stored in a deep reservoir has a tendency to become thermally stratified. Typically, three thermal layers are formed: a well-mixed upper layer (the epilimnion), a cold dense bottom layer (the hypolimnion) and an intermediate layer of maximum temperature gradient (the thermocline). Water in the hypolimnion may be up to $10°$ C lower than in the epilimnion. In the epilimnion the temperature gradient may be up to $2°$ C for each meter.

Thermal stratification depends on a range of factors, including climatic characteristics. Reservoirs nearest to the equator are least likely to become stratified. At higher latitudes the governing factor is the input of solar energy. Shallow reservoirs respond rapidly to fluctuations in atmospheric conditions and are less likely to become stratified. Strong winds can effect rapid thermocline oscillations. The pattern of inflows, as well as the nature of outflows from the reservoir influences the development of thermal stratification.

Currents generated from large water level fluctuations in reservoirs caused by operating regimes can also sometimes prevent thermal stratification. Many deep reservoirs, particularly at mid and high latitudes become thermally stratified as do natural lakes under similar conditions. The release of cold water into the receiving downstream river can be a significant consequence of stratification.

Water storage in reservoirs induces physical, chemical and biological changes in the stored water and in the under lying soils and rocks, all of which affect water quality. The chemical composition of water within the reservoir can be significantly different from that of the inflows. The size of the dam, its location in the river system, its geographical location with respect to altitude and latitude, the storage detention time of the water and the source of the water all influence the way that storage detention modifies water quality.

Major biologically induced changes occur within thermally stratified reservoirs. In the surface layer, phytoplankton often proliferate and release oxygen thereby maintaining concentrations at near saturation levels for most of the year. In contrast, the lack of mixing and sunlight for photosynthesis in conjunction with oxygen used in decomposition of submerged biomass often (but not always) results in anoxic conditions in the bottom layer.

Les nutriments, en particulier le phosphore, sont libérés biologiquement et proviennent du lessivage de la végétation submergée et des sols ayant été fertilisés. Bien que la demande en oxygène et les niveaux de nutriments baissent généralement au fil du temps au fur et à mesure que la masse de matière organique diminue, certains réservoirs nécessitent plusieurs dizaines d'années pour développer des régimes stables d'eau de qualité. Après maturation, les réservoirs, comme les lacs naturels, peuvent agir comme des puits de nutriments en particulier pour les éléments nutritifs associés aux sédiments. L'eutrophisation des réservoirs peut se produire suite à des apports organiques et/ou de nutriments. Dans de nombreux cas, il s'agit de conséquences sur le bassin d'alimentation du réservoir dues à l'activité humaine comme l'utilisation d'engrais plutôt que de la présence du réservoir en lui-même. Cependant, il y a des réservoirs, en particulier dans les climats tropicaux qui ont la capacité de recycler les éléments nutritifs à partir des sédiments des réservoirs à travers la colonne d'eau, sans aucun ajout important de nouveaux éléments nutritifs issus des apports des cours d'eau.

1.2.2. La sédimentation

Les plans d'eau transportent à partir d'eaux turbides des particules fines à grossières comme du sable, du gravier et des roches. La vitesse et la turbulence des courants permettent le transport de ces matières. Lorsque la pente du lit de la rivière ou que le débit de celle-ci diminue, les particules ont tendance à se déposer. Cela se produit lorsque l'écoulement du cours d'eau atteint les réservoirs.

Les grands réservoirs stockent presque toute la charge de sédiments provenant du bassin versant. Le transport des sédiments au réservoir dépend de la taille du bassin d'alimentation du réservoir, des caractéristiques du bassin d'alimentation qui influent sur la production des sédiments (climat, géologie, sols, topographie, végétation et perturbations anthropiques) et du rapport entre la taille du réservoir et les apports moyens annuels dans le réservoir. Le transport des sédiments présente une variation temporelle considérable au gré des saisons et des années. La quantité de sédiments transportés vers le réservoir est plus importante pendant les inondations.

Les mesures visant à minimiser l'érosion (charge sédimentaire) dans la partie supérieure du bassin versant comprennent une utilisation des terres et des pratiques agricoles raisonnables ainsi que le reboisement. Le piégeage amont par des ouvrages de retenue et des écrans végétaux peut être utilisé pour retenir les sédiments. Une gestion intégrée rigoureuse des ressources en eau d'un bassin d'alimentation doit considérer l'eau comme une partie intégrante de l'écosystème, une ressource naturelle et un bien social et économique.

Il y a deux façons de faire transiter les sédiments à travers des réservoirs. Le flux chargé de sédiments passe à travers les retenues à un niveau d'eau réduit pendant la saison des crues. Cette méthode est appelée vannage et s'applique principalement aux sédiments fins. Dans des conditions particulières, des courants de densité peuvent se développer et transporter des sédiments en suspension sous une couche de fluide de densité inférieure vers le barrage. Cette méthode est appelée courants de densité. Toutefois, pour certains réservoirs où la sédimentation risque de combler la retenue, il peut être nécessaire de détourner des débits élevés avec de fortes concentrations de sédiments à travers des canaux de dérivation ou des tunnels.

L'atténuation de l'accumulation de sédiments peut être réalisée de plusieurs façons. L'accumulation peut être réduite par dragage périodique. Cette méthode nécessite généralement de faibles niveaux d'eau pendant des périodes prolongées. Le dragage est coûteux et l'élimination de grandes quantités de sédiments crée souvent des problèmes. Dans d'autres cas, les sédiments peuvent être retirés par vidange périodique du réservoir en lâchant un grand volume d'eau à travers les ouvrages de sortie situés en partie basse du barrage Cette méthode présente l'avantage de renouveler la charge solide du lit en aval et de vidanger ce dernier par un lâcher important.

Pour de nombreux barrages, l'accumulation de sédiments demeure une préoccupation majeure. En raison de la configuration et de la bathymétrie de la plupart des réservoirs, les sédiments s'accumulent souvent en tête du réservoir, à bonne distance du parement amont du barrage et des ouvrages de fond.

Nutrients, particularly phosphorous, are released biologically and leached from flooded vegetation and fertilized soil. Although oxygen demand and nutrient levels generally decrease over time as the mass of organic matter decreases, some reservoirs require a period of tens of years to develop stable water-quality regimes. After maturation, reservoirs, like natural lakes, can act as nutrient sinks particularly for nutrients associated with sediments. Eutrophication of reservoirs may occur as a consequence of organic loading and/or nutrients. In many cases these are consequences of anthropogenic influences in the catchment such as the application of fertilisers rather than the actual presence of the reservoir. However, there are reservoirs, particularly in tropical climates that have the ability to recycle nutrients from the reservoir sediments through the water column, without any significant addition of new nutrients from the stream flow.

1.2.2. Sedimentation

Rivers transport particles from fine ones in turbid water to coarser ones such as sand, gravel and boulders. The speed and turbulence of currents enable transport of these materials. When riverbed gradient or the river flow diminishes, particles tend to drop out. This happens when river flows reach reservoirs.

Large reservoirs store almost the entire sediment load supplied by the drainage basin. The sediment transport into the reservoir depends on the size of the reservoir's catchment, on the characteristics of the catchment that affect the sediment yield (climate, geology, soils, topography, vegetation and human disturbance) and the ratio of reservoir size to mean annual inflow into the reservoir. Sediment transport shows considerable temporal variation, seasonally and annually. The amount of sediment transported into the reservoir is greatest during floods.

Measures to minimise erosion (sediment load) in the upper watershed include reasonable land use and agricultural practices and reforestation. Upstream trapping by check dams and vegetation screens can be used to hold back sediments. A sound integrated water resources management in a catchment should treat water as an integral part of the ecosystem, a natural resource and a social and economic good.

There are two ways to pass sediments through reservoirs. The sediment-laden flow is passed through reservoirs at a reduced water level during flood seasons. This method is called sluicing and is mainly applicable to fine sediments. Under special conditions density currents may develop and transport suspended sediment underneath a fluid layer of lower density towards the dam. This method is called density current venting. However, for some reservoirs where sedimentation is in danger of filling the reservoir, it may be necessary to divert high flows with high sediment concentrations through bypass channels or tunnels.

Mitigation for the accumulation of sediments can be achieved in several ways. The accumulation can be reduced by periodic dredging. This method usually requires low water levels for extended periods of time. Dredging is costly and the disposal of large quantities of sediment often creates problems. In other cases, the sediments can be removed through periodic flushing of the reservoir by releasing large volume of water through the low-level outlet structures. This method has the advantage of renewing the sediment load to the downstream channel and also flushing the downstream channel with a high flood event.

For many dams, sediment accumulation remains a major concern. Due to the configuration and bathymetry of most reservoirs, sediments frequently accumulate at the head of the reservoir, a long way from the dam wall and the bottom outlet.

1.3. IMPACTS EN AVAL

1.3.1. Le régime d'écoulement

Les caractéristiques hydrologiques d'un cours d'eau, en particulier la fréquence des crues ainsi que l'ampleur et le moment des pointes de crue, changent quand un réservoir est construit. L'effet d'un réservoir sur l'écoulement des crues dépend à la fois de la capacité de stockage du barrage par rapport au volume du débit et de la façon dont le barrage est exploité. Les réservoirs ayant une grande capacité de stockage des crues par rapport au ruissellement total annuel peuvent exercer un contrôle quasi total sur l'hydrogramme annuel du cours d'eau en aval. Même les bassins de rétention de petite capacité peuvent atteindre un degré élevé de régulation des flux en combinant la prévision des crues et le régime de gestion.

Plus la distance en aval est grande, moins les effets hydrologiques du barrage sont importants, c'est-à-dire lorsque la proportion du bassin d'alimentation non contrôlé augmente. Le nombre des affluents en aval du barrage et l'ampleur relative de leurs apports jouent un rôle important pour déterminer la longueur du cours d'eau affecté par un barrage. Un bassin d'alimentation avec un stockage important peut ne jamais récupérer ses caractéristiques hydrologiques naturelles, même à l'embouchure du cours d'eau, surtout quand les barrages détournent l'eau pour l'agriculture ou l'approvisionnement en eau des villes.

Les régimes d'écoulement sont le moteur essentiel influençant des écosystèmes aquatiques en aval. Le moment, la durée et la fréquence des crues sont essentiels à la survie des groupes de plantes et d'animaux vivant en aval. Les petits épisodes de crues peuvent agir comme déclencheur biologique de la migration des poissons et des invertébrés ; les épisodes majeurs créent et maintiennent les habitats. La variabilité naturelle de la plupart des systèmes fluviaux maintien des communautés biologiques complexes qui peuvent être différentes de celles adaptées aux débits et conditions stables d'un cours d'eau régulé.

Un apport suffisant, continu et minimal en eau des tronçons en aval d'un barrage est une condition préalable essentielle pour réduire l'impact sur l'écosystème. L'eau doit être lâchée de manière à imiter le régime hydrologique naturel du cours d'eau. Ceci peut être réalisé en modifiant le fonctionnement d'un réservoir. Ces débits minimaux sont appelés débits réservés ou flux environnementaux. Le flux environnemental doit permettre aux écosystèmes en aval des cours d'eau de conserver leur diversité et productivité naturelles. Le moment, les conditions et le volume dans lesquels les eaux doivent être lâchées doivent être soigneusement déterminés.

1.3.2. Les vannes de vidange de fond

Les dispositifs de vidange de fond sont normalement prévus dans la plupart des barrages pour lâcher l'eau à des fins diverses. Le flux peut transiter par les vidanges de fond pour vidanger, retenir ou baisser le niveau l'eau des réservoirs de manière contrôlée, pour répondre aux besoins en débits minimaux à réserver, pour la chasse des sédiments ou pour prévenir les apports de sédiments entrants. Les vidanges de fond conçues pour évacuer les sédiments doivent être placées à des niveaux inférieurs du barrage. Les rejets de charges en suspension à forte concentration ainsi que les particules grossières peuvent passer à travers les vannes à des vitesses élevées. Les tunnels et pièces fixes doivent être protégés contre l'abrasion, en utilisant des matériaux de protection résistants à cette abrasion. La chasse des sédiments exige des vannes de vidange de fond avec de grandes capacités de décharge, souvent plusieurs fois le débit moyen du cours d'eau.

Toutefois, le lâcher d'eau de la partie inférieure du réservoir peut entraîner des températures et une pollution indésirable de la qualité de l'eau en aval. Ces aspects seront par ailleurs examinés au chapitre 2.

1.3.   DOWNSTREAM

1.3.1.   Flow Regime

The hydrological characteristics of a river, in particular the frequency of floods as well as the magnitude and timing of flood peaks, will change when a reservoir is constructed. The effect of a reservoir on individual flood flows depends on both the storage capacity of the dam relative to the volume of flow and the way the dam is operated. Reservoirs having a large flood-storage capacity in relation to total annual runoff can exert almost complete control upon the annual hydrograph of the river downstream. Even small-capacity detention basins can achieve a high degree of flow regulation through a combination of flood forecasting and management regime.

The hydrological effects of the dam become less significant the greater the distance downstream, i.e. as the proportion of the uncontrolled catchment increases. The frequency of the tributary confluence below the dam and the relative magnitude of the tributary streams, play an important part in determining the length of the river affected by an impoundment. Catchment with significant storage may never recover their natural hydrological characteristics even at the river mouth, especially when dams divert water for agriculture or municipal water supply.

Flow regimes are the key driving variable for downstream aquatic ecosystems. Flood timing, duration and frequency are all critical for the survival of communities of plants and animals living downstream. Small flood events may act as biological trigger for fish and invertebrate migration; major events create and maintain habitats. The natural variability of most river systems sustains complex biological communities that may be different from those adapted to the stable flows and conditions of a regulated river.

A sufficient, continuous, minimum water supply to the downstream reaches of a dam is one main prerequisite to reduce the impact on the ecosystem. The water should be released in a way to mimic the natural hydrological regime in the river. This may be achieved by modifying the operation of a reservoir. These minimum flows are called instream flows or environmental flows. The environmental flow should enable the downstream river ecosystems to retain their natural diversity and productivity. The amount, timing and conditions under which water should be released have to be carefully determined.

1.3.2.   Bottom Outlets

Bottom outlets are normally provided at most dams to release water for a variety of purposes. Flow may be passed through bottom outlets to empty reservoirs, to impound or drawdown reservoirs in a controlled way, to satisfy in-stream flow requirements, for sluicing or flushing sediments or for preventing sediments entering intakes. Bottom outlets designed for evacuating sediment have to be placed at low levels in the dam. Suspended load discharges at high concentration as well as coarse particles may pass through outlets at high velocities. Tunnels and gates have to be protected against abrasion, using abrasion resistant materials for protection. Sluicing or flushing requires bottom outlets with large discharge capacities, often several times the mean flow rate of the river.

However, by releasing water from low in the reservoir, this can result in undesirable temperature and water quality pollution in the downstream flow regime. These aspects are further examined in Chapter 2.

1.3.3. La dégradation et l'alluvionnement des cours d'eau en aval

Les changements du régime des flux et du régime sédimentaire entraînent initialement une dégradation du lit du cours d'eau en aval du barrage, les sédiments entraînés n'étant plus remplacés par des matériaux arrivant de l'amont. Selon l'érodabilité relative du lit et des berges du cours d'eau, la dégradation peut être accompagnée par un rétrécissement ou un élargissement du chenal. Le résultat de la dégradation est une augmentation de la taille des matériaux restants dans le lit du cours d'eau, dans de nombreux cas le remplacement du sable par des graviers est observé ou un affouillement peut se produire en substratum rocheux. Sur la plupart des cours d'eau, ces effets sont limités aux premiers kilomètres en aval du barrage.

Plus en aval, un alluvionnement accru peut se produire parce que les matériaux mobilisés en aval d'un barrage et les matériaux entraînés des affluents ne peuvent être déplacés assez rapidement à travers le système des canaux par des flux régulés. L'élargissement du chenal est fréquemment concomitant de l'alluvionnement.

L'accumulation de sédiments dans le chenal du cours d'eau en aval du barrage du fait de l'altération du régime d'écoulement peut être atténuée par une vidange périodique de ce chenal par des épisodes de flux artificiels. La vidange nécessite des dispositifs de sortie comme des vannes de capacité suffisante pour permettre de générer des crues artificielles. Ces dernières doivent normalement être effectuées lorsque le volume stocké du réservoir dépasse 50% de sa capacité.

La construction de barrages sur un cours d'eau peut modifier le caractère des plaines inondables. Dans certaines circonstances, l'épuisement des matières fines en suspension réduit le taux d'accrétion des berges de sorte que la nouvelle plaine inondable met plus de temps à se former et que les sols restent stériles ou que l'érosion des berges se traduit par la perte de plaines inondables.

Dans la vallée du Nil, après la fermeture du haut barrage d'Assouan en 1969, l'absence de sédiments dans l'eau des crues a réduit la fertilité des sols de la vallée en aval du barrage. La réduction du flux sédimentaire a conduit à l'érosion du littoral du delta et à une pénétration saline des aquifères côtiers.

L'érosion a été particulièrement marquée dans les zones alluviales avec des berges constituées de matériaux sableux non cohésifs et a été attribuée aux rejets d'eau exempte de limon, au maintien d'apports créés artificiellement, aux fluctuations soudaines des niveaux en dehors de la période de crues. Toutefois, dans certains cas, la baisse de la fréquence des débits de crue et l'alimentation en faibles débits stables peuvent encourager le développement de la végétation, qui aura tendance à stabiliser les nouveaux dépôts, à piéger d'autres sédiments et à réduire l'érosion des zones inondables. Ainsi, en fonction des conditions spécifiques, les barrages peuvent augmenter ou diminuer les dépôts et/ou l'érosion des plaines inondables.

Les crues artificielles peuvent être une stratégie pour atténuer l'impact négatif en aval des barrages. L'un des objectifs de ces crues artificielles est la conservation ou la restauration des écosystèmes des plaines inondables.

1.3.4. La dégradation des zones côtières

Contrairement à l'impact sur le cours d'eau et la morphologie des zones inondables où un alluvionnement peut se produire, la création de réservoir sur le cours d'eau entraîne invariablement une dégradation soutenue des deltas côtiers, comme conséquence de la réduction de l'apport de sédiments. Par exemple, la construction du haut barrage d'Assouan a réduit la quantité de sédiments parvenant au delta. En conséquence, une bonne partie du littoral du delta s'érode à des taux allant jusqu'à 5–8 mètres par an. Les effets de la réduction des apports de sédiments peuvent se traduire par une érosion dues aux vagues sur de longues étendues de côtes qui ne sont plus rechargées par l'apport de sédiments venant des cours d'eau.

1.3.3. Degradation and aggradation in downstream river reaches

Changes in the flow and sediment regime initially cause degradation of the riverbed downstream from the dam, as the entrained sediment is no longer replaced by material arriving from upstream. Depending on the relative erodibility of the streambed and banks, the degradation may be accompanied either by narrowing or widening of the channel. A result of degradation is a coarsening in the texture of material left in the streambed, in many cases a change from sand to gravel is observed, or scour may proceed to bedrock. On most rivers these effects are constrained to the first few kilometres below the dam.

Further downstream, increased sedimentation (aggradation) may occur because material mobilised below a dam and material entrained from tributaries cannot be moved quickly enough through the channel system by regulated flows. Channel widening is a frequent concomitant of aggradation.

The accumulation of sediments in the river channel downstream from the dam due to the altered flow regime may be mitigated through periodic flushing of the river channel with artificial flow events. Flushing requires outlet structures like sluice gates of sufficient capacity to permit generation of managed floods. These should normally be timed such that the releases can be made when the reservoir storage exceeds 50% of its capacity.

Damming a river can alter the character of floodplains. In some circumstances the depletion of fine suspended solids reduces the rate of overbank accretion so that new floodplain takes longer to form, and soils remain infertile or channel bank erosion results in loss of floodplains.

In the Nile Valley following the closure of the Aswan High Dam in 1969, the lack of sediment in floodwater reduced soil fertility in the Nile Valley downstream of the dam. The reduction in sediment flows has led to the erosion of the shoreline of the delta and saline penetration of coastal aquifers.

Erosion was particularly pronounced at alluvial sites with non-cohesive sandy bank materials and has been attributed to the release of silt free water, the maintenance of unnatural flow levels, sudden flow fluctuations and out-of-season flooding. However, in some cases the reduction in the frequency of flood flows and the provision of stable low flows may encourage vegetation encroachment, which will tend to stabilise new deposits, trap further sediments and reduce floodplain erosion. Hence, depending on specific conditions, dams can either increase or decrease floodplain deposition/erosion.

Managed flood releases can be a strategy to mitigate the detrimental impact downstream of dams. An objective of these managed flood releases is the conservation or restoration of floodplain ecosystems.

1.3.4. Degradation in Coastal Areas

In contrast to the impact on river and floodplain morphology, where aggradation may occur, impounding rivers invariably results in increased degradation of coastal deltas, as a consequence of the reduction in sediment input. For example, the construction of the High Aswan Dam has reduced the amount of sediment reaching the delta. As a result, much of the delta coastline is eroding at rates up to 5–8 meters per year. The consequences of reduced sediment flow may cause long stretches of coastline to be eroded by waves, which are no longer sustained by sediment inputs from rivers.

1.3.5. La température de l'eau

La température de l'eau est un important paramètre de qualité pour l'évaluation des impacts des réservoirs sur les habitats aquatiques en aval car elle influe sur de nombreux et importants processus physiques, chimiques et biologiques. La température est en particulier le moteur de la productivité primaire. Les changements thermiques causés par le stockage de l'eau ont l'incidence la plus significative sur le biotope des cours d'eau. Le niveau du réservoir à partir duquel le rejet est effectué, avec températures fraîches des eaux profondes ou températures chaudes des eaux de surface par exemple, peut influer sur la température en aval du barrage, ce qui peut ensuite avoir une incidence sur les zones de frayères, le taux de croissance et la durée de la saison de croissance. Les lâchers d'eau froide des hauts barrages de la rivière Colorado sont encore mesurables à 400 km en aval et ont entraîné une diminution de l'abondance de poissons indigènes. Même sans stratification du stockage, les lâchers d'eau des barrages peuvent ne pas être thermiquement en phase avec la température naturelle des cours d'eau.

La qualité du lâcher d'eau des réservoirs stratifiés est déterminée par la cote de la prise par rapport aux différentes couches à l'intérieur du réservoir. Le lâcher près de la surface d'un réservoir stratifié sera de l'eau chaude, bien oxygénée et pauvre en nutriments. Au contraire, l'eau libérée depuis le fond d'un réservoir stratifié sera froide, appauvrie en oxygène et riche en nutriments, pouvant avoir des niveaux élevés de sulfure d'hydrogène, de fer et/ou de manganèse. L'eau appauvrie en oxygène dissous ne constitue pas seulement un problème de pollution en soi, qui influe sur de nombreux organismes aquatiques (les salmonidés ont besoin de niveaux élevés d'oxygène pour survivre). Cette eau a une capacité d'assimilation réduite et donc une capacité réduite de vidange des effluents domestiques et industriels. Le problème des faibles niveaux d'oxygène dissous est parfois atténué par les turbulences produites par le passage de l'eau à travers les turbines.

L'eau passant au-dessus des déversoirs à forte pente peut se sursaturer en azote et en oxygène, ce qui peut être mortel pour les poissons qui se trouvent juste en aval d'un barrage, en particulier ceux dotés d'une vessie natatoire.

Des mesures visant à atténuer les effets potentiels de l'accumulation des nutriments dans une retenue d'eau ont mis l'accent sur la réduction de l'apport de nutriments au réservoir et l'augmentation de l'élimination des éléments nutritifs de l'eau. La réduction des apports de nutriments a été accomplie grâce à la construction d'installations de traitement des eaux usées dans les collectivités le long des bordures de l'endiguement ainsi que dans le bassin versant en amont. D'autres méthodes incluent la formation des agriculteurs locaux à l'utilisation d'engrais ou à la vidange saisonnière du réservoir. L'efficacité de ce procédé dépend toutefois du volume du réservoir par rapport au débit entrant.

1.3.6. La migration des poissons

Les changements de régime de la faune aquatique peuvent être d'assez grande envergure. L'un des indicateurs les plus significatifs de ces changements peut être l'impact sur les habitudes migratoires et l'abondance relative des espèces de poissons. Les effets des changements des régimes de température sur l'abondance de poissons ont été évoqués dans les paragraphes précédents.

Les espèces de poissons ont plusieurs schémas migratoires. Les espèces anadromes comme le saumon ou la truite arc-en-ciel et catadromes, comme l'anguille, sont bien connues. Les saumons adultes migrent dans les cours d'eau pour frayer et les jeunes descendent vers l'océan où ils passent une grande partie de leur vie d'adulte, alors que l'inverse se produit avec les poissons catadromes. La préservation des ressources halieutiques est extrêmement importante dans la planification d'un projet de barrage sur ces cours d'eau. Le blocage de la circulation des poissons peut être l'impact négatif le plus important des barrages sur la biodiversité des poissons.

1.3.5. Water Temperature

Water temperature is an important quality parameter for the assessment of reservoir impacts on downstream aquatic habitats because it influences many important physical, chemical and biological processes. In particular, temperature drives primary productivity. Thermal changes caused by water storage have the most significant effect on instream biota. The level in the reservoir from which the discharge is drawn, e.g. cool deep temperatures or warm surface temperatures may affect temperatures downstream of the dam, which in turn may affect spawning, growth rate and length of the growing season. Cold-water releases from high dams of the Colorado River are still measurable 400 km downstream and this has resulted in a decline in native fish abundance. Even without stratification of the storage, water release from dams may be thermally out of phase with the natural temperature regime of the river.

The quality of water release from stratified reservoirs is determined by the elevation of the outflow structure relative to the different layers within the reservoir. Water release from near the surface of a stratified reservoir will be well-oxygenated, warm and nutrient depleted water. In contrast water released from near the bottom of a stratified reservoir will be cold, oxygen-depleted, nutrient-rich water, which may be high in hydrogen sulphide, iron, and/or manganese. Water depleted in dissolved oxygen is not only a pollution problem in itself, affecting many aquatic organisms (e.g. salmonid fish require high levels of oxygen for their survival). Such water has a reduced assimilation capacity and so a reduced flushing capacity for domestic and industrial effluents. The problem of low dissolved oxygen levels is sometimes mitigated by the turbulences generated when water passes through turbines.

Water passing over steep spillways may become supersaturated in nitrogen and oxygen and this may be fatal to the fish immediately below a dam, particularly those with a swim bladder.

Measures to mitigate the potential effects of nutrient accumulation in an impoundment have focused on reducing the inflow of nutrients to the reservoir and increasing the removal of nutrients from the water. Reduction of inflow of nutrients has been accomplished through the construction of wastewater treatment facilities at communities along the margins of the impoundment as well as in the watershed upstream. Other methods include training of local farmers in the use of fertilizers or seasonal flushing of the reservoir. The effectiveness of this process however is dependent upon the volume of the reservoir relative to the inflow.

1.3.6. Fish Migration

The changes in the aquatic fauna regime can be quite far ranging. One of the most significant indicators of these changes can be the impact on the migratory patterns and relative abundance of fish species. The effects of changed temperature regimes on fish abundance have been referred to in the previous paragraphs.

Fish species have several migratory patterns. Well known are the anadromous fishes like salmon or steelhead trout and catadromous fishes like eels. Adult salmon migrate up the rivers to spawn and the young descend to the ocean where they spend much of their adult life, while the reverse occurs with the catadromous fishes. Preservation of the fisheries resource is extremely important in planning a dam project on these rivers. The blockage of fish movement can be one of the most significant negative impact of dams on fish biodiversity.

Le continuum fluvial comprend l'évolution naturelle du débit du cours d'eau, la qualité de l'eau et les espèces qui se reproduisent le long du cours d'eau, entre la source et la zone côtière. Un barrage rompt ce continuum et peut arrêter le mouvement des espèces à moins que des mesures appropriées soient prises. Des mesures efficaces pour atténuer le blocage en amont de la migration des poissons comprendra l'installation de dispositifs de passage des poissons pour faciliter leur mouvement de l'aval du barrage au réservoir et plus en amont. La conception des dispositifs de passage des poissons comprend des échelles et ascenseurs à poissons, casiers et autres techniques.

L'examen de ces questions n'étant pas abordé dans le présent Bulletin, le lecteur est prié de se reporter à d'autres publications ICOLD comme le Bulletin 116, pour de plus amples informations.

The river continuum includes the natural change in river flow, water quality and species that occur along the river length from the source to the coastal zone. A dam breaks this continuum and can stop the movement of species unless appropriate measures are taken. Effective measures to mitigate the blockage to upstream migration of fish include the installation of fish passage facilities to facilitate movement of fish from below the dam to the reservoir and further upstream. The design of fish passage facilities includes fish ladders, fish elevators, trap and haul techniques.

A discussion of these issues is not covered in this Bulletin, the reader should refer to other ICOLD publications such as Bulletin 116, for further information.

2.   QUALITE DE L'EAU DE RESERVOIR

2.1.   INTRODUCTION

Dès le début du 20e siècle, les progrès technologiques ainsi que la demande en énergie et en eau ont motivé l'augmentation du nombre de barrages construits partout dans le monde en réponse à l'énorme hausse des besoins en eau et du contrôle des crues. Bien que les lacs et les réservoirs ne contribuent qu'à 0,35% du volume total d'eau douce sur notre planète (Baumgartner et Reichel, 1975), plus de la moitié des 45 000 grands barrages inscrits par ICOLD ont été réalisés dans la période 1962–1997 (ICOLD, 1998) pour répondre à cet énorme accroissement de la demande. La capacité de stockage de l'ensemble des grands barrages enregistrés est d'environ 6 000 km^3.

La construction de barrages, même si elle est motivée au départ par la production d'énergie, crée des réservoirs avec des utilisations et des fonctions multiples telles que subvenir aux besoins en eau des agglomérations urbaines et de l'agriculture, atténuer les effets dévastateurs des inondations, permettre la navigation et les activités de loisirs. Les nouveaux habitats créés par ces plans d'eau et leur valeur paysagère attirent des activités qui produisent des déchets.

Tous les barrages et les réservoirs deviennent partie intégrante de l'environnement qu'ils influencent et transforment à un degré et à un niveau variant d'un projet à l'autre. Semblant souvent être en opposition, les barrages et leur environnement interagissent avec une certaine complexité, rendant ainsi la tâche de l'ingénieur hydraulicien particulièrement difficile (ICOLD, 1997).

Les réservoirs peuvent devenir le milieu récepteur des eaux usées urbaines, agricoles et industrielles. Ces déchets et l'évolution de la qualité de l'eau du réservoir due au fait que les processus et les caractéristiques dominants changent lorsque l'eau est stockée et ne s'écoule pas, provoquent des modifications de la qualité de l'eau rejetée en aval.

Dans les années soixante, parallèlement à une reconnaissance croissante des problèmes de qualité de l'eau, un grand nombre de publications techniques relatives à ces problèmes a commencé à être produit (PETTS 1984). Néanmoins, contrairement aux cours d'eau, les lacs et les retenues d'eau n'étaient pas un sujet prioritaire dans les premières années de la modélisation de la qualité de l'eau. C'est pourquoi, hormis quelques exceptions notables comme les Grands Lacs d'Amérique du Nord, ils n'ont pas été historiquement un axe majeur de développement urbain.

Les activités de recherche sur la qualité de l'eau des réservoirs ont non seulement suivi le grand développement de la construction de barrages, mais ont également visé à répondre aux enjeux de l'utilisation durable et de la préservation des écosystèmes nouvellement créés. Les usages souvent incompatibles des réservoirs nécessitent l'introduction de systèmes de gestion et ceux-ci ont créé le besoin de disposer d'outils de gestion en mesure de modéliser la qualité de l'eau.

Les "orientations" pour la mise en œuvre de la directive-cadre européenne sur l'eau (WFD) (directive *instituant un cadre pour l'action communautaire dans le domaine de l'eau*, 2000/60/CE du 23 octobre 2000) conseillent de classer les réservoirs comme des "plans d'eau fortement modifiés" sur lesquels un "*bon potentiel écologique*" doit être maintenu ou atteint. Les objectifs de qualité environnementale pour les caractéristiques de ces plans d'eau seront aussi semblables que possible à ceux qui prévaudraient dans des plans d'eau "naturels" similaires (en termes, par exemple, de morphologie, d'emplacement) dans des conditions idéales.

DOI: 10.1201/9781351033626-2

2.   RESERVOIR WATER QUALITY

2.1.   INTRODUCTION

From the beginning of the 20th century, technological progress as well as energy and water demand motivated an increase in the number of dams constructed all over the world in response to enormously increase of water needs and flood control. Although lakes and reservoirs contribute to only 0.35% of the whole volume of fresh water in our planet (Baumgartner and Reichel, 1975), as a response to this enormously increased demand more than half of ICOLD's registered 45 000 large dams have been built in the period of 1962–1997 (ICOLD, 1998). The storage capacity of the total registered large dams is about 6 000 km^3.

The construction of dams, although initially motivated for power generation, creates reservoirs with multipurpose uses and functions which include the availability of water to urban water supply and agriculture, to mitigate devastating floods, navigation, and the support of leisure activities. The new habitats these water bodies create and their scenic value, attract activities that produce waste.

All dams and reservoirs become a part of the environment, which they influence and transform to a degree and within a range that varies from project to project. Frequently seeming to be in opposition, dams and their environment interrelate with a degree of complexity that makes the task of the dam engineer particularly difficult (ICOLD, 1997).

Reservoirs can become the receiving body for urban, agricultural and industrial wastewater. These wastes and the evolution of the water quality in the reservoir, due to the fact that the prevailing processes and characteristics change when water is stored and not flowing, cause changes on the water quality discharged downstream.

In the sixties, along with increased recognition of water quality problems, a large number of relevant technical publications, started to be produced (PETTS 1984). Nevertheless, in contrast with flowing waters, lakes and impoundments were not a priority subject in the early years of water quality modelling. This is because, with notable exceptions such as the Great Lakes of North America, they have not been historically a major focus of urban development.

Research activities on the water quality of reservoirs followed not only the great development of dam construction but also aimed at answering the challenges of sustainable use and the preservation of the newly created ecosystems. The often-conflicting uses of reservoirs requires the introduction of management systems and these created the need to have management tools that have the ability to model water quality.

The "Guidance" for the implementation of the European Union Water Framework Directive (WFD) (Directive *establishing a framework for Community action in the field of water policy,* 2000/60/EC of 23 October 2000) advises the classification of reservoirs as "Strongly Modified Water Bodies" on which a "*Good Ecological Potential*" has to be maintained or achieved. The environmental quality objectives for the characteristics of such water bodies will be as similar as possible with the ones that would prevail in similar "natural" water bodies (in terms of, *e. g.* morphology, location) in pristine conditions.

Le présent rapport donne un aperçu des contraintes et processus qui altèrent la qualité de l'eau des réservoirs. Une description générale des caractéristiques de base ayant un lien direct avec la qualité de l'eau de ces plans d'eau est également présentée, ainsi qu'une description du comportement des substances chimiques qui caractérisent la qualité de l'eau. Une attention particulière est accordée au phénomène d'eutrophisation. Un examen des questions générales liées à la modélisation de la qualité de l'eau des réservoirs, à la méthodologie de modélisation et aux types de modèles les plus couramment utilisés y figure aussi. Enfin, un résumé du processus d'identification des plans d'eau fortement modifiés dans le contexte de la directive-cadre européenne est également présenté.

2.2.   CARACTERISTIQUES GENERALES DES RESERVOIRS

2.2.1. La morphologie et l'hydrodynamique

Les caractéristiques de la qualité de l'eau ainsi que les aspects écologiques des réservoirs sont fortement liés et sont fonction de leur morphologie et hydrodynamique ainsi que des flux énergétiques entraînés par les facteurs climatiques. Ils sont aussi fonction de la morphologie et de l'hydrologie de la région.

Les phénomènes qui se produisent dans un réservoir sont complexes et leur interprétation et analyse sont une tâche difficile qui doit prendre en considération le contexte offert par la morphologie et les processus physiques. Un aperçu des facteurs qui influent sur la qualité de l'eau des réservoirs est présenté ci-après.

Comme la plupart des réservoirs sont créés par la construction d'un barrage sur une rivière, ils ont généralement tendance à être de forme allongée ou dendritique. Pour un objectif de qualité de l'eau, les caractéristiques morphologiques les plus importantes sont liées au ratio surface/volume, c'est à dire avec la profondeur moyenne (H) du réservoir. Ce paramètre contribuera à la tendance à avoir une stratification stable et permettra de déterminer l'importance relative des processus d'interface comme la ré-aération et le recyclage des nutriments benthoniques. Certains auteurs (comme Chapra, 1996) ont proposé la classification des réservoirs (ou lacs) en peu profonds avec $H<7m$ et des plans d'eau profonds avec $H>7m$.

Le régime hydrodynamique d'un réservoir est l'un des facteurs les plus importants pour contrôler son comportement et la qualité de l'eau. Le temps de rétention moyen, défini comme le ratio des apports annuels moyens au volume net du réservoir, est une caractéristique appropriée qui permet de prévoir les caractéristiques de la qualité de l'eau. Un type de réservoir "au fil de l'eau" aura un temps de rétention relativement court, de l'ordre de quelques jours ou semaines, tandis qu'un "grand" réservoir, avec une capacité de régulation du débit, aura un temps de rétention important avec des valeurs de l'ordre de plusieurs années, voire de décennies.

Les processus physiques qui se produisent sont également pertinents dans le contrôle des indicateurs et le comportement de la qualité de l'eau, en tenant compte des caractéristiques des différents apports et rejets, ainsi que de la circulation induite par le vent, et ce, avec un intérêt particulier pour les plans d'eau peu profonds. La Figure présente un schéma des principaux processus physiques présents dans un réservoir.

This report presents an overview of the pressures and processes that affect reservoir water quality. A general description of the basic characteristics that have a direct connection with the water quality of such water bodies is also presented, as well as a description of the behaviour of the chemical entities that characterize water quality. Particular attention is paid to the eutrophication phenomenon. A review of the general issues related to water quality modelling of reservoirs, modelling methodology and types of models most commonly used is also presented. Finally, a summary of the process of identification of heavily modified water bodies in the context of EU-WFD is also presented.

2.2.   GENERAL CHARACTERISTICS OF RESERVOIRS

2.2.1. *Morphology and Hydrodynamics*

Water quality characteristics as well as ecological features of reservoirs are strongly interconnected and are a function of their morphology and hydrodynamics as well as of the energy fluxes driven by the climatic factors. They are also a function of the morphology and of the hydrology of the region.

The phenomena that occur in a reservoir are complex and their interpretation and their analysis is a difficult task that must take into consideration the context provided by the morphology and physical processes. An overview of those factors influencing the quality of water in reservoirs is presented below.

As most reservoirs are created by damming a river, they generally tend to be elongated or dendritic. For water quality purposes, the most important morphological features are connected to the ratio of area/volume, that is, with the average depth (H) of the reservoir. This parameter will contribute to the tendency for stable stratification and will determine the relative importance of interface processes such as re-aeration and benthonic nutrient recycling. Some authors (e. g. Chappra, 1996) propose the classification of shallow reservoirs (or lakes) those with H<7m and deep-water bodies those with H>7 m.

The hydrodynamic regime of a reservoir is one of the most important factors to control its behaviour and water quality. Average retention time, defined as the ratio of mean annual inflow to the net reservoir volume, is a relevant characteristic that allows water quality characteristics to be anticipated. A "run-of-the-river" type of reservoir will have a relatively small retention time, in the order of days or weeks, while a "large" reservoir, with capacity for flow regulation, will have a long residence time with values of the order of years or even decades.

Also relevant in the control of water quality characteristics and behaviour are the physical processes that occur, taking into account the characteristics of the various inflows and withdrawals, as well as the circulation induced by the wind, this with particular relevance in shallow water bodies. Figure 2.1. presents a diagram of the main physical processes present in a reservoir

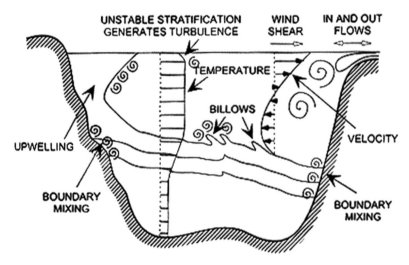

Figure 2.1.
Processus physiques des réservoirs (adapté du PNUE- IETC)

Unstable stratification generates turbulence	*Stratification instable générant des turbulences*
Wind shear	*Vent en rafale*
In and out flows	*Zone de ressac*
Velocity	*Vitesse*
Boundary mixing	*Limite de mélange*
Billows	*Bourrelets*
Upwelling	*Courant remontant*

2.2.2. La stratification thermique

L'échange d'énergie thermique à la surface de l'eau est un facteur déterminant dans le contrôle de la qualité de l'eau d'un réservoir, surtout si la colonne d'eau est profonde. D'autres facteurs climatiques importants sont le vent et le régime des précipitations dans le bassin versant, qui déterminent le régime de ruissellement vers le réservoir et son hydrodynamique (ORLOB, 1983).

La stratification est d'une importance majeure pour la qualité de l'eau des réservoirs tout au long de l'année. La plupart des réservoirs sont bien mélangés pendant l'hiver. Au fur et à mesure que le printemps avance et que la température monte, la stratification thermique s'établit près de la surface de l'eau et progresse jusqu'à ce que le mélange soit confiné à la couche supérieure. L'atteinte de la stratification persistante conduit à la création de trois régimes de circulation, la couche supérieure (épilimnion) et la couche inférieure (hypolimnion) séparées par une mince couche de brusque changement de température, la thermocline ou métalimnion (Figure). A la fin de l'été et en automne, la situation instable revient et une forte convection verticale se produit dans la couche de mélange, avec un approfondissement progressif de la thermocline, créant ainsi un épisode appelé *brassage automnal*. Cependant, dans certaines régions tropicales, où il y a moins de variations des températures, ces processus peuvent ne pas être aussi dominants.

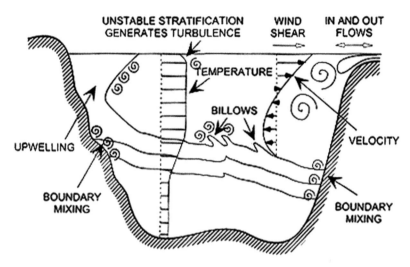

Figure 2.1.
Physical processes in reservoirs (Adapted from UNDP- IETC)

2.2.2. Thermal stratification

The thermal energy exchange at the water surface is a relevant factor in the control of water quality in a reservoir, especially if the water column is deep. Other important climatic factors are the wind and the precipitation regime in the catchment, which determines the regime of the runoff to the reservoir and its hydrodynamics (ORLOB, 1983).

Stratification is of major importance for water quality of reservoirs throughout the year. Most reservoirs are well mixed during winter. As spring progresses and the temperature rises, thermal stratification will be established in the near surface of water and progress until mixing is confined to the upper layer. The attainment of persistent stratification leads to the establishment of 3 circulation regimes – the upper (epilimnion) and the lower (hypolimnion), separated by a narrow region of sharp temperature change - the thermocline or metalimnion (Figure 2.2.). In late summer and fall the unstable situation returns and strong vertical convection mixing occurs, with a progressive deepening of the thermocline creating the event called the *autumn/fall* turnover. However, in some tropical areas, where there is less temperature variation, these processes may not be as dominant.

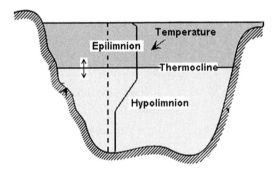

Figure 2.2.
Structure verticale de la colonne d'eau dans un réservoir stratifié

2.3. POLLUANTS ET CONTRAINTES SUR LES RESERVOIRS

Comme avec tout autre type de plan d'eau, la qualité de l'eau des réservoirs est grandement altérée par les différentes contraintes qui s'exercent sur elle. Les pressions proviennent de ses utilisations et les charges polluantes sont les plus concernées dans le présent contexte.

Une étude présentée par l'US-EPA (http://www.epa.gov/owow/lakes/quality.html) a identifié les polluants et les contraintes qui provoquent la dégradation de la qualité de l'eau des lacs et réservoirs américains. La cause la plus commune de détérioration de la qualité de l'eau est associée à un apport excessif de nutriments (azote et phosphore), suivis par les métaux. L'apport de solides à l'origine d'envasement est classé au troisième rang des contraintes. L'apport de matières organiques carbonées, provenant généralement des eaux d'égout, avec une forte demande en oxygène, constitue également une cause importante de dégradation de la qualité de l'eau.

La même étude a identifié l'agriculture comme principale source de contrainte ; les apports des égouts pluviaux et des déchets urbains sont également importants. Des sources non définies et des sources urbaines ont une contribution équivalente en termes relatifs. La base de données utilisée dans l'étude mentionnée se rapporte non seulement à des réservoirs, mais comprend également des lacs naturels et d'autres retenues d'eau, ce qui suggère que l'importance relative des sources agricoles peut être encore plus pertinente lorsque seuls les réservoirs sont pris en considération car moins d'agglomérations urbaines sont établies sur leur bassin de drainage direct.

La même étude propose également la classification qualitative suivante des réservoirs en utilisant comme critères leur capacité à subvenir aux usages traditionnels ou souhaités :

- **Bon** – Subvenant pleinement à tous les usages ou subvenant à tous les usages mais menace un ou plusieurs usages

- **Réduit** – Subvenant en partie ou non à un ou plusieurs usages

- **Non réalisable** – N'étant pas en mesure de subvenir à un ou plusieurs usages.

Dans le contexte de la directive de l'UE mentionnée précédemment (Directive cadre sur l'eau), cinq catégories de qualité de l'eau doivent être définies, comme l'explique le paragraphe consacré aux questions liées à cette Directive.

La Figure montre une représentation des conditions observées dans un réservoir touché par différentes sources polluantes et un réservoir avec un écosystème sain. La figure concerne la question de l'enrichissement en nutriments et les effets des apports de métaux qui s'accumulent dans les sédiments et contaminent plus tard le biote. Dans certaines circonstances, la faune aquatique accumulera des xénobiotiques dans de telles quantités que leurs cycles de vie et comestibilité seront diminués.

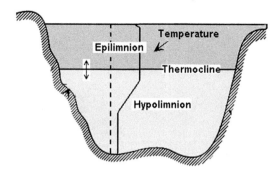

Figure 2.2.
Vertical structure of the water column in a stratified reservoir

2.3.   POLLUTANTS AND STRESSORS ON RESERVOIRS

As with any other type of water body, water quality of reservoirs is greatly affected by the different pressures that are exerted on it. Pressures are derived from its uses and the most relevant in the present context are polluting loads.

A study presented by the US-EPA (http://www.epa.gov/owow/lakes/quality.html) identified the pollutants and stressors that cause water quality degradation in US lakes and reservoirs. The most common cause of water quality deterioration is associated with excessive nutrient (nitrogen and phosphorous) input, followed by metals. Third in the ranking of pressures is solids input causing siltation. Also important as a cause for water quality degradation is the input of carbonaceous organic matter, in general from sewage, with a high oxygen demand.

The same study identified agriculture as the leading source of pressures; also important are the inputs from urban run-off and storm sewers. General non-point sources and municipal point sources have an equivalent contribution in relative terms. The data base used in the study referred to pertains not only to reservoirs but also includes natural lakes and other impoundments, which suggests that the relative importance of agricultural sources may still be more relevant when only reservoirs are considered as fewer urban settlements are established on their direct drainage basin.

The same study also proposes a qualitative classification of reservoirs using as criteria their capability to support traditional or desired uses, as follows:

- **Good** – Fully supporting all of their uses or fully supporting all uses but threatened for one or more uses

- **Impaired** – Partially or not supporting one or more uses

- **Not attainable** – Not able to support one or more uses.

In the context of the previously mentioned EU - Water Framework Directive, five quality classes must be defined, as explained in the paragraph dedicated to the issues associated with this Directive.

Figure 2.3. contains a representation of the conditions observed in a reservoir impacted with different polluting sources and one with healthy ecosystems. The figure addresses the issue of nutrient enrichment and the effects of inputs of metals that accumulate in sediments and, later, contaminate biota. In some circumstances the aquatic fauna will accumulate xenobiotics in such quantities that their life cycles and their edibility are impaired.

Reservoir impacted by polluting sources   **Healthy ecosystem**

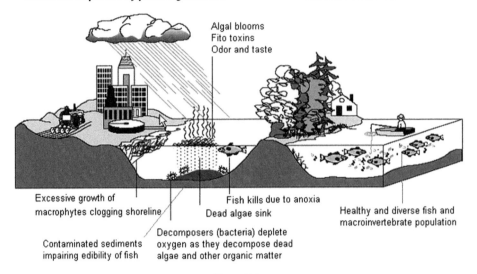

Figure 2.3.
Comparaison entre un écosystème sain et un écosystème touché par des charges polluantes
(adapté de http://www.epa.gov/owow/lakes/quality.html)

Reservoir impacted by polluting sources	Réservoirs affectés par les sources de pollution
Excesive growth of macrophytes clogging shoreline	Développement excessif des macrophytes en bordure de la retenue
Contaminated sediments impairing edibility of fish	Sédiments contaminés par des poissons non comestibles
Decomposers (bacteria)deplete oxygen as they decompose dead algae and other organic matter	Bactérie épuisant l'oxygène et décomposant les Algues mortes et autres matières organiques
Dead algae sink	Algues mortes enfouies
Fish kills due to anoxia	Poissons morts par anoxie
Algal blooms fito toxinx, odor and taste	Proliférations d'algues, fito toxins, odeur et gout
Healthy ecosystem	Ecosystème sain
Healthy and diverse fish and macroinvertebrate population	Healthy and diverse fish and macroinvertebrate population

Le processus d'eutrophisation, ses effets et symptômes, ainsi que les critères d'évaluation sont abordés en détail dans les paragraphes suivants.

Lorsque les réservoirs sont utilisés comme sources d'eau potable, la contamination par des agents pathogènes fécaux est un problème majeur et devient de plus en plus pertinent d'autant que les agglomérations urbaines, qui portent souvent un intérêt croissant pour les réservoirs comme les centres et lieux touristiques pour les sports aquatiques, deviennent plus fréquents autour des réservoirs. La création d'une ville exige d'une part une eau de grande qualité et peut en même temps dégrader significativement la valeur de la ressource, ce qui représente une situation paradigmatique avec la nécessité de mettre en œuvre des règles claires pour les utilisateurs et des codes de pratique indispensables pour encadrer et harmoniser les usages et préserver la santé des écosystèmes.

La contamination par les xénobiotiques, les métaux et les micro-polluants organiques, bien que non répertoriée comme problème très répandu, peut revêtir une importance locale. Un exemple de situation où ce type de pollution peut être important, est représenté par les réservoirs qui ont des zones minières, en exploitation ou abandonnées, dans leur bassin versant.

Reservoir impacted by polluting sources　　　　　　**Healthy ecosystem**

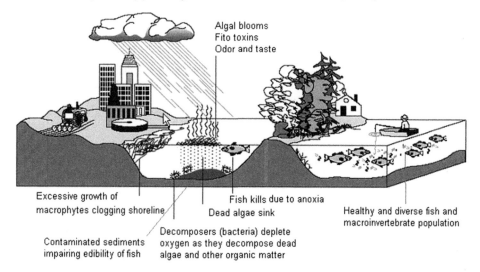

Algal blooms
Fito toxins
Odor and taste

Excessive growth of
macrophytes clogging shoreline

Fish kills due to anoxia
Dead algae sink

Healthy and diverse fish and
macroinvertebrate population

Contaminated sediments
impairing edibility of fish

Decomposers (bacteria) deplete
oxygen as they decompose dead
algae and other organic matter

Figure 2.3.
Comparison between a healthy ecosystem and one impacted by polluting loads (adapted from http://
www.epa.gov/owow/lakes/quality.html)

The eutrophication process, its effects and symptoms, as well as assessment criteria are addressed in detail in the following paragraphs.

When reservoirs are used as potable water sources, the contamination by faecal pathogens is a major issue and is becoming more relevant as urban settlements, in many cases associated with the growing interest of reservoirs as tourist centres and places for water sports, become more common around reservoirs. Urban settlement on the one hand requires high quality water quality and at the same time has the potential to significant degradation of the value of the resource, representing a paradigmatic situation for the need to implement clear user rules and codes of practice framed required to harmonize uses and to preserve the health of the ecosystems.

The contamination by xenobiotics, metals and micro-organic pollutants, although not referred as a very widespread problem, may be of local relevance. As an example of a situation where that type of pollution may be relevant are the reservoirs that have mining zones in their catchment, either in exploitation or abandoned.

2.4. PROCESSUS DETERMINANT LA QUALITE DE L'EAU, L'EUTROPHISATION ET L'OXYGENATION

2.4.1. Introduction

Le comportement physique, chimique et biologique des eaux de surface stockées a fait l'objet de recherches dans le domaine de la limnologie. Les eaux stockées peuvent améliorer la qualité de l'eau, mais dans certains cas, elles peuvent être plus sensibles à la détérioration. Ces aspects doivent être pris en compte lors de la phase de conception des barrages et, plus tard, lorsque les plans de gestion du réservoir et de son bassin versant sont mis en place.

Comme les apports en nutriments constituent les contraintes les plus fréquentes et les plus graves sur les réservoirs, l'eutrophisation qui en résulte et son influence sur l'état d'oxygénation sont les processus déterminant la qualité de l'eau les plus importants à prendre en considération. Ils seront traités de manière assez détaillée dans les paragraphes suivants.

2.4.2. Concepts généraux

L'eutrophisation peut être définie comme le processus d'enrichissement de l'eau en matières organiques, causé par une augmentation des nutriments pour les végétaux (comme l'azote et le phosphore) qui stimulent la production primaire (Nixon 1995 ; Wollenweider et al., 1996 ; Dodds et al., 1998).

Les lacs et les réservoirs peuvent en gros être classés comme ultra-oligotrophes, oligotrophes, mésotrophes, eutrophes ou hyper-eutrophes selon la concentration de nutriments dans le plan d'eau et/ou en fonction des symptômes écologiques de la charge en éléments nutritifs bien que des limites strictes soient souvent difficiles à définir pour ces catégories.

Trois principaux critères sont généralement retenus pour le degré d'eutrophisation :

- La concentration totale de phosphore ;
- La concentration moyenne de chlorophylle ;
- La visibilité moyenne au disque Secchi.

En termes généraux, les lacs et les réservoirs oligotrophes se caractérisent par des apports en éléments nutritifs et une productivité primaire faibles, des eaux limpides et un biote diversifié. Les eaux eutrophes ont par contre des apports en éléments nutritifs et une productivité primaire élevés, une faible transparence et une forte biomasse avec moins d'espèces et une plus grande proportion de cyanobactéries.

Bien que les caractéristiques fondamentales de l'eutrophisation soient similaires dans tous les plans d'eau, les différences de forme du bassin et des modèles d'écoulement peuvent entraîner des variations longitudinales du degré d'eutrophisation des réservoirs (Figure 2.4). En outre, l'approvisionnement en eau et les besoins en production d'électricité conduisent souvent à de grandes variations du niveau d'eau des réservoirs. Ces changements de niveau exondent ou inondent généralement les berges, ce qui peut améliorer l'approvisionnement en éléments nutritifs.

2.4. WATER QUALITY PROCESSES - EUTROPHICATION AND OXYGENATION

2.4.1. Introduction

The physical, chemical and biological behaviour of stored surface waters has been the subject of research in the domain of limnology. Stored water may improve water quality but in some cases this water may be more susceptible to deterioration. These aspects have to be taken into account during the design phase of dams and later, when management plans for the reservoir and its catchment are in place.

As nutrient inputs are the most frequent and serious pressures on reservoirs, the resulting eutrophication and the related influence on oxygenation status are the most important water quality processes to take into consideration. They will be treated in some detail in the following paragraphs.

2.4.2. General Concepts

Eutrophication can be defined as the process of enrichment of water with organic matter, caused by an increase of nutrients for plants (as nitrogen and phosphorous), that stimulate primary production (Nixon 1995; Wollenweider *et al.*, 1996; Dodds *et al.*, 1998).

Lakes and reservoirs can be broadly classed as *ultra-oligotrophic, oligotrophic, mesotrophic, eutrophic* or *hypereutrophic* depending on concentration of nutrients in the body of water and/or based on ecological symptoms of the nutrient loading although strict boundaries for these classes are often difficult to define.

There are commonly three main criteria for the degree of eutrophication:

- total phosphorus concentration;

- mean chlorophyll concentration and

- mean Secchi disk visibility.

In general terms, *oligotrophic* lakes and reservoirs are characterized by low nutrient inputs and primary productivity, high transparency and a diverse biota. In contrast, *eutrophic* waters have high nutrient inputs and primary productivity, low transparency, and high biomass of fewer species with a greater proportion of cyanobacteria.

Although the fundamental characteristics of eutrophication are similar in all water bodies, differences in basin shapes and flow patterns may lead to longitudinal variations in the degree of eutrophication in reservoirs (Figure 2.4.). In addition, water supply and power generation requirements often lead to large variations in water level in reservoirs. These changes in level usually expose or inundate littoral regions which may enhance nutrient supply.

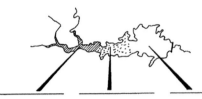

• Narrow, channelized basin	• Broader, deeper basin	• Broad, deep, lake-like basin
• Relatively high flow	• Reduced flow	• Little flow
• High suspended solids; low light availability at depth	• Reduced, suspended solids; light availability at depth	• Relatively clear; light more available at depth
• Nutrient supply by advection; relatively high nutrient levels	• Advective nutrient supply reduced	• Nutrient supply by interval recycling; relatively low nutrient levels
• Light-limited primary productivity	• Primary productivity relatively high	• Nutrient-limited primary productivity
• Cell losses primarily by sedimentation	• Cell losses by sedimentation and grazing	• Cell losses primarily by grazing
• Organic matter supply primarily allochthonous	• Intermediate	• Organic matter supply primarily autochthonous
• More eutrophic	• Intermediate	• More oligotrophic

Figure 2.4.
Zones longitudinales de facteurs environnementaux contrôlant l'état trophique
des réservoirs (Ryding et Rast, 1989)

Narrow, channelized basin	Partie étroite de la retenue
Relatively high flow	Débit relativement élevé
High suspended solids; low light availability at depth	Quantité importante de matière solide; faible luminosité en profondeur
Nutrient supply by advection; relatively high nutrient levels	Nutrient supply by advection; relatively high nutrient levels
apport de nutriemnts par advection	Niveaux relativement élevés de nutriements
Light-limited primary oroductivity	Lumière limitée pour la production primaire
Cell losses primarily by sedimentation	Pertes d'éléments principalement par sédimentation
Organic matter supply primarily allochthonous	Apport de matière organique principalement allochtone
More eutophic	Plus d'eutrophe
Broader, deeper basin	Retenue plus profonde et plus large
Reduced flow	Diminution des éboulements
Reduced, suspended solids, light availability at depth	Réduction des matières solides en suspension; lumière disponible en profondeur
Advective nutrient supply reduced	Réduction des apports en nutriements advectifs
Primary productivity relatively high	Production primaire relativement élevé
Cell losses by sedimentation and grazing	Pertes d'éléments par sédimention et pâturage
Intermediate	Intermédiaire
Broad, deep, lake-like basin	Retenue large et profonde équivalente à un lac
Little flow	Petits débits
Relatively clear; light more avalaibable at depth	Relativement clair; lumière plus disponible en profondeur
Nutrient supply by interval recycling; relatively low nutrient levels	Apport de nutriements par recyclage régulier; niveau relativement faible de nutriements
Nutrient-limited primary productivity	Production prmaire limitée de nutriements
Cell losses primarily bya grazing	Pertes d'éléments principalement par pâturage
Organic matter supply primary autochthonous	Apport de matière organique, autochtone
More oligotrophic	Plusd'ologotrophique

• Narrow, channelized basin	• Broader, deeper basin	• Broad, deep, lake-like basin
• Relatively high flow	• Reduced flow	• Little flow
• High suspended solids; low light availability at depth	• Reduced, suspended solids; light availability at depth	• Relatively clear; light more available at depth
• Nutrient supply by advection; relatively high nutrient levels	• Advective nutrient supply reduced	• Nutrient supply by interval recycling; relatively low nutrient levels
• Light-limited primary productivity	• Primary productivity relatively high	• Nutrient-limited primary productivity
• Cell losses primarily by sedimentation	• Cell losses by sedimentation and grazing	• Cell losses primarily by grazing
• Organic matter supply primarily allochthonous	• Intermediate	• Organic matter supply primarily autochthonous
• More eutrophic	• Intermediate	• More oligotrophic

Figure 2.4.
Longitudinal zones of environmental factors controlling trophic status in reservoirs
(from Ryding and Rast, 1989)

2.4.3. Les symptômes et les effets de l'eutrophisation

Dans tous les plans d'eau, le processus d'eutrophisation provoque une série d'effets révélés par des symptômes qui nuisent souvent à certains ou à la plupart des usages de l'eau. Une brève description des effets de l'eutrophisation est présentée ci-après.

Les proliférations d'algues nuisibles

L'augmentation de la croissance des algues est un résultat courant de l'eutrophisation. Les cyanobactéries sont un groupe particulièrement nocif entraînant la formation d'une écume de surface, une grave diminution de l'oxygène et la mortalité des poissons. L'ingestion de toxines d'eau douce (neurotoxines, hépatotoxines, cytotoxines et endotoxines), qui sont produites presque exclusivement par les cyanobactéries, peut entraîner la mort du bétail et celle d'autres animaux par ingestion de toxines produites par les algues. Des troubles gastro-intestinaux chez les humains peuvent également être associés à la consommation d'eau contenant une prolifération de cyanobactéries.

Les cyanobactéries et les espèces filamenteuses de chlorophytes (algues vertes) peuvent être à l'origine de mauvaises odeurs et du colmatage des filtres des installations industrielles ou de traitement des eaux. Les *dinoflagellés,* les marées dites rouges, sont une autre source de préoccupation car elles peuvent se développer et comprendre des souches toxiques. Les fortes concentrations de carbone organique dissous (COD) sont un sous-produit des proliférations denses d'algues. Lorsqu'une eau à haute COD est désinfectée par chloration, des trihalométhanes potentiellement cancérigènes et mutagènes se forment.

2.4.4. Le développement de plantes aquatiques

D'épais tapis de plantes aquatiques flottantes, comme la jacinthe d'eau (*Eichhornia crassipes*), peuvent couvrir de vastes zones proches de la berge et flotter en eau libre. Ces tapis empêchent la lumière d'atteindre les plantes vasculaires submergées et le phytoplancton et produisent souvent de grandes quantités de débris organiques qui peuvent entraîner l'anoxie et l'émission de gaz comme le méthane et l'hydrogène sulfuré. Des accumulations de macrophytes aquatiques peuvent restreindre l'accès aux activités de pêche ou de loisirs des lacs et réservoirs et bloquer les canaux d'irrigation et de navigation ainsi que les prises d'eau des centrales hydroélectriques.

2.4.5. L'anoxie

Un autre symptôme de l'eutrophisation est la réduction de la concentration en oxygène dans la colonne d'eau. Les conditions anoxiques ne sont pas compatibles avec la survie des poissons et des invertébrés. En outre dans ces conditions, les concentrations d'ammoniac, de fer, de manganèse et d'hydrogène sulfuré peuvent atteindre des niveaux nocifs pour le biote et les centrales hydroélectriques. Les conditions d'anoxie augmentent également le taux de re-dissolution du phosphate et de l'ammonium, ce qui accroît la disponibilité des nutriments dans la colonne d'eau, favorisant en retour le processus d'eutrophisation.

2.4.6. Les changements des espèces

Les changements dans l'abondance et la composition des espèces d'organismes aquatiques se produisent souvent en association avec les altérations des écosystèmes provoquées par l'eutrophisation. La baisse des niveaux de lumière sous l'eau due à la prolifération dense d'algues ou de macrophytes flottants peut réduire ou éliminer les macrophytes submergés. Les changements dans la qualité des aliments combinés à des variations de la composition des algues ou des macrophytes aquatiques et à des diminutions de la concentration en oxygène altèrent souvent la composition des espèces de poissons. Des espèces moins prisées, comme la carpe, peuvent par exemple devenir dominantes. Cependant, dans certaines situations, ces changements peuvent être considérés comme bénéfiques.

2.4.3. Eutrophication Symptoms and Effects

The process of eutrophication in all water bodies causes a series of effects that are visible by symptoms that often impair some or most of the uses of the water. A brief description of those eutrophication consequences is presented below.

Harmful algal blooms

A common result of eutrophication is the increased growth of algae. *Cyanobacteria* are an especially harmful group, causing the formation of surface scum, severe oxygen depletion and fish mortalities. The ingestion of freshwater toxins (neurotoxins, hepatotoxins, cytotoxins and endotoxins), which are produced almost exclusively by cyanobacteria, may lead to death of cattle and other animals from ingestion of algal toxins. Gastrointestinal disorders in humans can also be associated with the drinking of water that contained blooms of cyanobacteria.

Cyanobacteria and filamentous species of chlorophytes (green algae) can cause odours and clogging of filters in water treatment or industrial facilities. *Dinoflagellates*, the so-called red tides, are another group of concern that is known to develop, which can include toxic strains. One by-product of dense algal blooms is high concentrations of dissolved organic carbon (DOC). When water with high DOC is disinfected by chlorination, potentially carcinogenic and mutagenic trihalomethanes are formed.

2.4.4. Growth of Aquatic Plants

Dense mats of floating aquatic plants, such as water hyacinth (*Eichhornia crassipes*), can cover large areas near-shore and can float into open water. These mats block light from reaching submerged vascular plants and phytoplankton, and often produce large quantities of organic detritus that can lead to anoxia and emission of gases, such as methane and hydrogen sulphide. Accumulations of aquatic macrophytes can restrict access for fishing or recreational uses of lakes and reservoirs and can block irrigation and navigation channels and intakes of hydroelectric power plants.

2.4.5. Anoxia

Another symptom of eutrophication is the depletion of oxygen concentration in the water column. Anoxic conditions are not compatible with the survival of fishes and invertebrates. Moreover, under these conditions, ammonia, iron, manganese and hydrogen sulphide concentrations can rise to levels deleterious to the biota and to hydroelectric power facilities. The anoxic conditions also increase the rate of re-dissolution of phosphate and ammonium what increases the nutrient availability in the water column, creating a positive feedback loop in the eutrophication process.

2.4.6. Species Changes

Shifts in the abundance and species composition of aquatic organisms often occur in association with the alterations of ecosystems caused by eutrophication. Reduction in underwater light levels because of dense algal blooms or floating macrophytes can reduce or eliminate submerged macrophytes. Changes in food quality associated with shifts in algal or aquatic macrophyte composition and decreases in oxygen concentration often alter the species composition of fishes. For example, less desirable species, such as carp, may become dominant. However, in some situations, such changes may be deemed beneficial.

2.4.7. L'hypereutrophie

Les plans d'eau hypereutrophes se situent au summum du processus d'eutrophisation. Un plan d'eau devient hypereutrophique lorsque des réductions de charge en éléments nutritifs ne sont pas possibles ou n'auront aucun effet pour inverser l'enrichissement trophique. Les systèmes hypereutrophes reçoivent habituellement des sources de nutriments diffuses, incontrôlables et non ponctuelles, provenant de sols surfertilisés ou naturellement riches.

Néanmoins, ces systèmes peuvent, utilement et intégralement, faire partie du paysage, fournissant des refuges aux oiseaux et un habitat aquatique important et peuvent, s'ils sont bien gérés, générer des pêches lucratives et fortement productives.

2.4.8. L'amélioration du recyclage interne des nutriments

Lorsque le processus d'eutrophisation est bien établi, l'apport interne en nutriments provenant de la re-solubilisation benthonique peut devenir la source principale, en plus de l'apport externe de nutriments provenant de sources ponctuelles et diffuses. Ce processus est particulièrement important lorsque la profondeur moyenne est limitée et que des couches inférieures d'eau anoxiques et riches en éléments nutritifs se mélangent fréquemment aux couches de surface. Dès qu'un état eutrophique ou hypereutrophique est atteint, la dépendance des sources externes de nutriments diminue et la masse d'eau fonctionne comme un système en circuit fermé, les sédiments fournissant une quantité suffisante d'éléments nutritifs, même lorsque les sources externes sont réduites.

2.4.9. Les concentrations élevées de nitrates

Des concentrations élevées de nitrate résultant d'un ruissellement d'eau riche en nitrate ou de la nitrification de l'ammonium dans un lac peuvent causer des problèmes de santé publique. L'apparition de méthémoglobinémies chez les nourrissons est due à des niveaux de nitrates supérieurs à 10 mg/l dans l'eau de boisson. En interférant avec la capacité du sang à transporter l'oxygène, des niveaux élevés de nitrates peuvent entraîner un manque d'oxygène potentiellement mortel.

2.4.10. L'incidence accrue des maladies liées à l'eau

Dans certaines situations, où une partie de la population produisant des eaux usées souffre d'infections transmises directement ou indirectement par l'eau, la propagation de maladies humaines peut être une conséquence très importante de la contamination d'un plan d'eau par des eaux usées. Bien que de telles situations soient particulièrement fréquentes dans les pays tropicaux, éviter la propagation des maladies transmises par l'eau est un sujet de préoccupation pour tous les pays.

2.4.11. L'augmentation de la production de poissons

Dans certaines circonstances et jusqu'à un certain point, le processus d'eutrophisation peut avoir un impact positif sur la pêche, la production de poissons ayant tendance à augmenter au fur et à mesure qu'augmente la productivité primaire. De plus grandes augmentations de la production de poissons apparaissent pour de plus petits accroissements de la productivité primaire dans les eaux oligotrophes ou mésotrophes que dans les systèmes eutrophes. Toutefois, lorsque les effets indésirables de l'eutrophisation sont présents, à savoir l'appauvrissement en oxygène ou un pH sensiblement modifié (augmenté en cas de pH alcalin ou diminué en cas de pH acide) et des niveaux d'ammoniac élevés, les augmentations de la production de poissons ainsi que celle de la production primaire seront réduites. Dans cette situation, l'état comestible et commercialisable de la pêche peut également être menacé.

2.4.7. Hypereutrophy

Hypereutrophic water bodies are in the upper end of eutrophication process. A water body becomes hypertrophic when reductions in nutrient loading are not feasible or will have no effect at reversing the trophic enrichment. Hypereutrophic systems usually receive uncontrollable diffuse and non-point sources of nutrients, originating from overfertilized or naturally rich soils.

Nevertheless, these systems may constitute a valuable and integral part of the landscape, providing sanctuaries for birds and an important aquatic habitat and, if properly managed, can provide valuable and highly productive fisheries.

2.4.8. Enhanced Internal Recycling of Nutrients

When the eutrophication process is well established, internal loading of nutrients from benthonic re-solubilisation may became the dominant source, in addition to external loading of nutrients from both point and diffuse sources. This process is of particular relevance when average depth is small and near-bottom anoxic and nutrient-rich layers of water mix frequently with surface layers. Once a eutrophic or hypereutrophic state is reached, the dependence on external sources of nutrients is diminished and the water body will function as a system with positive feedback, the sediments providing an adequate supply of nutrients, even when the external sources are reduced.

2.4.9. Elevated Nitrate Concentrations

High concentrations of nitrate resulting from nitrate-rich runoff or nitrification of ammonium within a lake can cause public health problems. Methyl-haemoglobinaemia occurrence in infants results from nitrate levels above 10 mg/l in drinking water. By interfering with the oxygen carrying capacity of blood, the high nitrate levels can lead to a life-threatening deficiency of oxygen.

2.4.10. Increased Incidence of Water-related Diseases

In some situations, where a portion of the population producing sewage suffers from infections transmitted directly or indirectly via water, the spread of human diseases can be a very significant impact of sewage entering a water body. While such situations are especially prevalent in tropical countries, avoiding the spread of disease via water is a concern for all countries.

2.4.11. Increased Fish Yields

In some circumstances, the eutrophication process, up to a certain point, can have a positive impact on fisheries as yields of fish tend to increase as primary productivity increases. Greater increases in fish yields occur for smaller increments in primary productivity in oligotrophic or mesotrophic waters than in eutrophic systems. However, when the undesirable effects of eutrophication are present, namely oxygen depletion or significantly altered (as in alkaline or reduced as in acid) pH and elevated ammonia levels, the increases in fish yields as primary production rises will be reduced. In this situation the edible and marketable condition of the fish catch may also be threatened.

2.4.12. Le recyclage des nutriments

L'aquaculture peut être un moyen efficace de tirer le meilleur parti des nutriments qui conduisent à l'eutrophisation. Dans un système d'aquaculture, le poisson peut prélever une grande partie des éléments nutritifs et les transformer en une forme exploitable et commercialisable.

Le phytoplancton et les macrophytes aquatiques flottants peuvent être très efficaces pour absorber de nutriments et réduire les concentrations de nutriments inorganiques dissous à de très faibles niveaux. Par conséquent, si les végétaux sont ensuite retirés de l'eau, ils peuvent servir de systèmes tertiaires de traitement des eaux usées municipales ou comme sources de matières organiques pour d'autres usages (production de biogaz ou engrais).

2.4.13. L'évaluation de l'état trophique

Il n'existe pas de méthode établie pour déterminer ce qu'est l'état trophique d'un plan d'eau. Comme précédemment mentionné, trois principaux critères pour le degré d'eutrophisation sont souvent retenus :

- La concentration totale de phosphore ;
- La concentration moyenne de chlorophylle ;
- La visibilité moyenne au disque Secchi.

Beaucoup de modèles empiriques simples ont été développés pour prédire la concentration du phosphore total dans un lac en fonction de la charge annuelle de phosphore. Les extensions de ces modèles permettent des prédictions de la concentration de chlorophylle, de la visibilité au disque de Secchi, des niveaux de pH ou d'oxygène dissous. Les valeurs prédites par ces modèles peuvent avoir des incertitudes aussi basses que $\pm$ 30% jusqu'à d'aussi élevées que $\pm$ 300% et nécessitent généralement des modifications pour les différentes régions.

La méthode de Vollenweider (Vollenweider, 1975 ; Vollenweider 1976 ; OECD, 1982 ; Vollenweider et al., 1996) est le modèle le plus connu et le plus largement appliqué. Cette méthode relie la condition trophique du réservoir (ou lac) à la charge de nutriments, sur la base des relations présentées dans la Figure . A l'origine, l'abscisse était H, la profondeur moyenne du lac, mais il a été plus tard reconnu que le taux de renouvellement de l'eau du lac jouait aussi un rôle capital dans la tendance à l'eutrophisation et le "diagramme de Vollenweider" a été transformé en prenant en considération le temps de vidange (τw), à q_s, le taux de déversement (m an^{-1}).

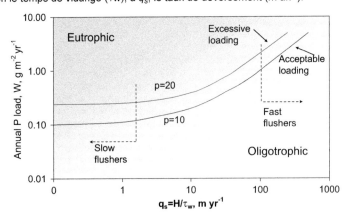

Figure 2.5.
Charge de nutriments et état trophique (redessiné par Chapra, 1997 ; Thoman & Mueller, 1987)

2.4.12. Nutrient Recycling

Aquaculture of fishes can be an effective way to obtain a positive benefit from nutrients that cause eutrophication. The fish in an aquaculture system can take up a large portion of the nutrients and transform them in a harvestable, marketable form.

Phytoplankton and floating aquatic macrophytes can be very effective at nutrient uptake and are capable of reducing dissolved inorganic nutrient concentrations to very low levels. Hence, if the plants are subsequently removed from the water, they may function as tertiary municipal wastewater treatment or as sources of organic matter for other uses (e.g. biogas generation or agro-fertilizers).

2.4.13. Assessment of Trophic Status

There is not an established methodology to determine what the trophic state of a water body is. As previously referred, there are commonly three main criteria for the degree of eutrophication:

- total phosphorus concentration,

- mean chlorophyll concentration,

- mean Secchi disk visibility.

Many simple empirical models have been developed to predict the concentration of total phosphorus in a lake as a function of annual phosphours loading. Extensions of such models offer predictions of chlorophyll concentration, Secchi disk visibility, pH or dissolved oxygen levels. The values predicted by these models can have uncertainties from as low as $\pm30\%$ to as high as $\pm300\%$, and usually require modifications for different regions.

The most known and widely applied model is the Vollenweider method (Vollenweider, 1975; Vollenweider 1976; OECD, 1982; Vollenweider et al., 1996). This method relates the reservoir (or lake) trophic condition with nutrient loading, on the basis of the relationships presented in Figure 2.5. Originally, the abscissa was H, the average depth of the lake, but later it was recognized that flushing rate of the lake also played a relevant role in the tendency for eutrophication, and the "Vollenweider plot" was transformed with the consideration of the flushing time (τ_w), to q_s, the hydraulic overflow rate (m yr^{-1}).

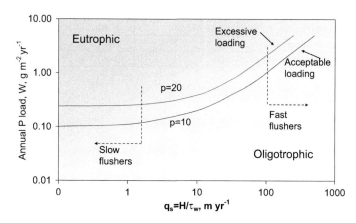

Figure 2.5.
Nutrient loading and trophic condition (redraw from Chapra, 1997; Thoman & Mueller, 1987)

Excessive loading	*Charge excessive*
Acceptable loading	*Charge acceptable*
Fast flushers	*Châsses rapides*
Slow flushers	*Châsses lentes*

Des améliorations et des adaptations de l'approche de Vollenweider ont affiné la corrélation et ajouté ou remplacé la charge azotée pour certaines régions. De plus amples recherches seront nécessaires pour incorporer les réactions des macrophytes aquatiques dans ces modèles.

L'état trophique dépend aussi du fait de savoir lequel des macronutriments est le facteur limitant de la productivité primaire et cela est fonction :

- Du ratio azote-phosphore des apports et des flux verticaux des nutriments dissous dans la colonne d'eau.

- Des pertes préférentielles de la zone euphotique par les processus, comme la dénitrification, l'adsorption du phosphore dans les particules et de la décantation différentielle des particules avec différents ratios azote-phosphore.

- De l'ampleur relative des apports extérieurs au recyclage et à la redistribution internes.

- De la contribution à la fixation d'azote.

Malheureusement, ces processus n'ont été mesurés de manière coordonnée que dans très peu de lacs. Au lieu de cela, les déductions tirées doivent l'être à partir de plusieurs indicateurs de contrôle des nutriments. Le ratio azote-phosphore des particules en suspension est un indice potentiellement utile de l'état nutritionnel du phytoplancton, si la contamination à partir des détritus terrestres peut être écartée. Les algues saines contiennent environ 16 atomes d'azote pour chaque atome de phosphore. Les ratios azote-phosphore inférieurs à 10 indiquent souvent une carence en azote et les ratios supérieurs à 20 peuvent indiquer une carence en phosphore. Lorsque le phosphore est l'élément nutritif limitant, les critères de classification des réservoirs figurent dans le Tableau 2.1.

Tableau 2.1.
Classification de l'état trophique

Variable	Oligotrophique	Mésotrophique	Eutrophique
Phosphore total (ug l^{-1})	<10	10–20	>20
Chlorophylle *a* (ug l^{-1})	<4	4–10	>10
Profondeur disque Secchi (m)	>4	2–4	<2
Oxygène hypolimnique (% sat.)	>80	10–80	>10

2.5. PARAMETRES DE LA QUALITE DE L'EAU

2.5.1. Le comportement dans les réservoirs

Les relations écologiques et de la qualité de l'eau d'un réservoir sont complexes. La succession de l'état trophique dans un système aquatique se caractérise par des paramètres de qualité qui comprennent l'oxygène dissous, les nutriments, les matières en suspension, les détritus et les sédiments. Les transformations de masse et d'énergie sont associées aux processus de production primaire, croissance, respiration, mortalité, prédation et décomposition, qui sont eux-mêmes régis par des paramètres environnementaux comme la température, la luminosité disponible et les éléments nutritifs. Dans les paragraphes suivants, un aperçu des processus régissant la dynamique de l'oxygène et des nutriments dans les plans d'eau lotiques (milieu d'eau courante) est présenté.

Refinements and adaptations of Vollenweider's approach have improved correlation and added or substituted nitrogen loading for some regions. Further research is required to incorporate responses of aquatic macrophytes into these models.

The trophic state is also dependent on knowing which of the macro nutrients is the limiting factor of primary productivity and this is a function of:

- The ratio of nitrogen to phosphorus in the inputs and in the vertical fluxes of dissolved nutrients in the water column.

- Preferential losses from the euphotic zone by processes, such as denitrification, adsorption of phosphorus to particles and differential settling of particles with different nitrogen to phosphorus ratios.

- The relative magnitude of external supply to internal recycling and redistribution.

- The contribution from nitrogen fixation.

Unfortunately, these processes have only been measured in a coordinated manner in very few lakes. Instead, inferences from several indicators of nutrient limitation must be made. The nitrogen to phosphorus ratio in suspended particulate matter is a potentially valuable index of the nutritional status of the phytoplankton, if contamination from terrestrial detritus can be discounted. Healthy algae contain approximately 16 atoms of nitrogen for every atom of phosphorus. Ratios of nitrogen to phosphorus less than 10 often indicate nitrogen deficiency and ratios greater than 20 can indicate phosphorus deficiency. When phosphorous is the limiting nutrient, criteria for the classification of reservoirs is presented in Table 2.1. (Chapra, 1997)

Table 2.1.
Trophic state classification

Variable	Oligotrophic	Mésotrophic	Eutrophic
Total phosphorous (ug l^{-1})	<10	10–20	>20
Chlorophyll a (ug l^{-1})	<4	4–10	>10
Secchi disk depth (m)	>4	2–4	<2
Hypolimnium oxygen (%sat.)	>80	10–80	>10

2.5. WATER QUALITY PARAMETERS

2.5.1. Behaviour in Reservoirs

The ecological and water quality relationships in a reservoir are complex. The succession of trophic state within an aquatic system is characterized by quality parameters that include dissolved oxygen, nutrients, suspended solids, detritus and sediments. The transformations of mass and energy are associated with the processes of primary production, growing, respiration, mortality, predation and decomposition, which in turn are governed by environmental parameters such as temperature, light availability and nutrients. In the following paragraphs an overview of the processes that govern oxygen and nutrient dynamics in lotic water bodies is presented.

2.5.2. L'oxygène

Parmi les paramètres de qualité de l'eau, l'oxygène est d'une importance capitale non seulement parce que sa concentration, sa présence ou son absence dicte le type d'organismes vivants présents, puisqu'en son absence seule l'activité microbienne anaérobie est possible, mais aussi parce qu'il règle certains processus chimiques comme l'oxydation de la matière organique.

Le circuit d'oxygène dans un réservoir est un phénomène complexe avec des différences importantes dans sa distribution, en fonction des cycles diurnes et saisonniers et de l'état trophique du système.

La variation horizontale de la teneur en oxygène peut être importante dans les réservoirs où la production photosynthétique de l'oxygène par la végétation littorale dépasse celle des algues en eau libre, et c'est alors que les processus benthiques et infra-littoraux associés aux algues et à la végétation riveraine dominent la production photosynthétique pélagique. Une division schématique du réservoir est présentée dans la Figure 2.6. Le profil de la concentration en oxygène dissous en surface varie fortement avec la morphologie horizontale du réservoir ainsi qu'avec sa bathymétrie.

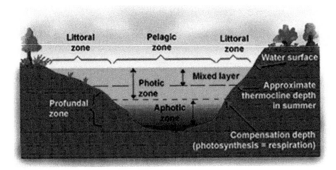

Figure 2.6.
Variation horizontale des concentrations d'oxygène dissous

Profundal zone	Zone profonde
Aphotic zone	Zone aphotique
Pelagic zone	Zone pélagique
Water surface	Surface de l'eau
Mixed layer	Couche de mélange
Approximative thermocline depth in summer	Profondeur approximative du thermocline en été
Compensation depth (photosynthesis=respiration)	Compensation de la profondeur (photosynthèse = respiration)

Une décomposition importante et rapide de la flore des rives ou du phytoplancton peut entraîner d'importantes diminutions de la teneur en oxygène, en particulier dans les petits réservoirs peu profonds, conduisant à la mort d'un grand nombre d'animaux aquatiques souvent connue sous le nom de surmortalité estivale.

La distribution verticale des concentrations en oxygène dissous (OD) dans la colonne d'eau répond à une série de schémas typiques. Comme la diffusion de l'oxygène de l'atmosphère vers et dans l'eau est un processus relativement lent, un mélange turbulent de l'eau est nécessaire pour que l'oxygène dissous soit distribué en équilibre avec celui de l'atmosphère. La distribution ultérieure de l'oxygène dans des plans d'eau thermiquement stratifiés est commandée par un certain nombre de conditions de solubilité, l'hydrodynamique, l'activité photosynthétique et l'existence de « puits » du fait des réactions d'oxydation chimique et biochimique.

2.5.2. Oxygen

Among water quality parameters, oxygen is of key importance not only because its concentration, presence or absence, dictates the type of living organisms present, as in its absence only anaerobic microbial activity is possible, but also because it rules some of the chemical processes such as the oxidation of organic matter.

The oxygen cycle in a reservoir is a complex phenomenon with important differences in its distribution, as a function of diurnal and seasonal cycles and of the trophic state of the system.

Horizontal variation in oxygen content can be great in reservoirs where the photosynthetic production of oxygen by littoral vegetation exceeds that of open water algae, that is, when benthic and infra-littoral processes associated with algae and riparian vegetation dominate the photosynthetic pelagic production. A schematic division of the reservoir is presented in Figure 2.6. The profile of dissolved oxygen concentration at surface will vary strongly with the horizontal morphology of the reservoir as well as with its bathymetry.

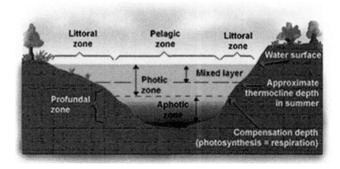

Figure 2.6.
Horizontal Variation of dissolved oxygen concentrations

Extensive and rapid decay of littoral plants or phytoplankton can result in large reductions in the oxygen content in particular in small, shallow reservoirs leading to the death of large numbers of aquatic animals often known as summerkill.

Vertical distribution of DO concentrations in the water column has a series of typical patterns. As diffusion of oxygen from the atmosphere into and within water is a relatively slow process, turbulent mixing of water is required for dissolved oxygen to be distributed in equilibrium with that of the atmosphere. Subsequent distribution of oxygen in the water of thermally stratified water bodies is controlled by a number of solubility conditions, hydrodynamics, photosynthetic activity and sinks due to chemical and biochemical oxidation reactions.

En été, dans les réservoirs oligotrophes stratifiés, la teneur en oxygène de l'épilimnion diminue lorsque la température de l'eau augmente en raison de la baisse de la solubilité et souvent des conditions de vent plus calmes qui diminuent également le taux de ré-aération de l'interface eau-atmosphère. La teneur en oxygène de l'hypolimnion est supérieure à celle de l'épilimnion parce que l'eau plus froide saturée après le renouvellement printanier connaît une consommation d'oxygène limitée. Cette répartition de l'oxygène est connue comme *profil d'oxygène de type orthograde* (Figure 2.7.).

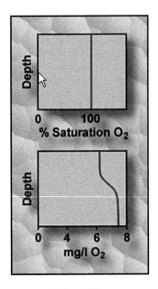

Figure 2.7.
Profil d'oxygène de type orthograde

Dans les réservoirs eutrophiques, la charge de matières organiques et de sédiments dans l'hypolimnion augmente la consommation de l'oxygène dissous. De ce fait, la teneur en oxygène de l'hypolimnion des lacs thermiquement stratifiés est réduite progressivement pendant la période de stratification estivale généralement plus rapidement dans la partie la plus profonde du bassin où un volume d'eau plus faible est exposé à des processus de décomposition à l'interface eau-sédiment très consommateurs d'oxygène. Cette distribution d'oxygène est connue comme profil d'oxygène clinograde (Figure 2.8.).

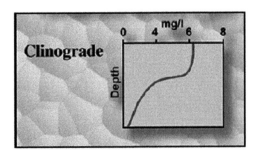

Figure 2.8.
Profil d'oxygène clinograde

In summer, in stratified oligotrophic reservoirs the oxygen content of the epilimnion decreases as the water temperature increases due to the decreased of solubility and often to the quieter wind conditions that also decrease the rate of re-aeration in the water-atmosphere interface. The oxygen content of the hypolimnion is higher than that of the epilimnion because the saturated colder water from spring turnover experiences limited oxygen consumption. This oxygen distribution is known as an *orthograde oxygen profile* (Figure 2.7.).

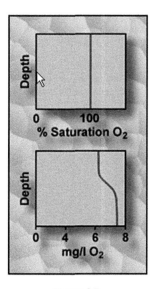

Figure 2.7.
Orthograde Oxygen Profile

In eutrophic reservoirs, the loading of organic matter and of sediments to the hypolimnion increases the consumption of dissolved oxygen. As a result, the oxygen content of the hypolimnion of thermally stratified lakes is reduced progressively during the summer stratification period - usually most rapidly at the deepest portion of the basin where a lower volume of water is exposed to the intensive oxygen consuming processes of decomposition at the sediment-water interface. This oxygen distribution is known as a clinograde oxygen profile (Figure 2.8.).

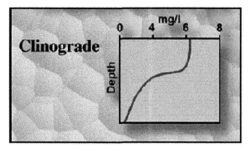

Figure 2.8.
Clinograde Oxygen Profile

La saturation en oxygène, aux températures de l'eau existantes, remonte dans la colonne d'eau au retour de l'automne. Les concentrations d'oxygène à des profondeurs plus faibles au niveau des plans d'eau productifs sont réduites, mais pas dans la même mesure que celle observée en été à cause des températures de l'eau plus froide dans la colonne d'eau, ce qui entraîne une plus grande solubilité de l'oxygène et une réduction de la respiration des organismes aquatiques. Au printemps, l'eau se mélange et l'oxygène devient saturé sur l'ensemble de la colonne d'eau.

La distribution maximale d'oxygène métalimnétique se produit lorsque la teneur en oxygène du métalimnion est sursaturée par rapport aux niveaux d'épilimnion et d'hypolimnion. La courbe d'oxygène de type hétérograde positive qui en résulte est habituellement causée par une intense activité photosynthétique des algues dans le métalimnion.

Les concentrations d'oxygène de l'épilimnion varient sur une base quotidienne dans les lacs productifs. Des fluctuations rapides entre sursaturation et sous-saturation en oxygène peuvent avoir lieu lorsque les contributions photosynthétiques quotidiennes et la consommation d'oxygène nocturne dépassent l'échange turbulent avec l'atmosphère.

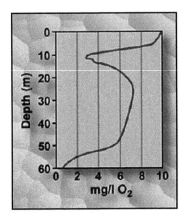

Figure 2.9.
Oxygène métalimnétique maximum

2.6. DYNAMIQUE DES ELEMENTS NUTRITIFS

2.6.1. L'azote

La Figure 2.10 présente le recyclage de l'azote dans un réservoir. Les formes inorganiques dissoutes présentes dans la colonne d'eau sont l'ammoniac (NH_4), les nitrites (NO_2) et les nitrates (NO_3), tous dérivés de composés organiques de l'azote par une série de réactions chimiques présentées sous une forme simplifiée dans la Figure 2.11.

Oxygen saturation, at existing water temperatures, returns throughout the water column during fall overturn. The oxygen concentrations at lower depths in productive water bodies are reduced, but not to the extent observed in the summer because of colder water temperatures throughout the water column, resulting in greater oxygen solubility and reduced respiration by aquatic organisms. In the spring, the water is mixed, and oxygen becomes saturated throughout the water column.

The metalimnetic oxygen maximum distribution occurs when the oxygen content in the metalimnion is supersaturated in relation to levels in the epilimnion and hypolimnion. The resulting positive heterograde oxygen curve is usually caused by extensive photosynthetic activity by algae in the metalimnion.

Epilimnetic oxygen concentrations vary on a daily basis in productive lakes. Rapid fluctuations between super-saturation and under-saturation of oxygen can result when daily photosynthetic contributions and night respiratory oxygen consumption exceed turbulent exchange with the atmosphere.

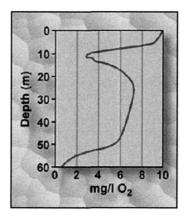

Figure 2.9.
Metalimnetic Oxygen Maximum

2.6.   METALIMNETIC OXYGEN MAXIMUM

2.6.1. Nitrogen

Figure 2.10 presents the nitrogen cycling that occurs in a reservoir. The dissolved inorganic forms present in the water column are ammonia (NH_4), nitrite (NO_2) and nitrate (NO_3), all derived from organic nitrogen compounds by a series of chemical reactions presented, in a simplified form, in Figure 2.11.

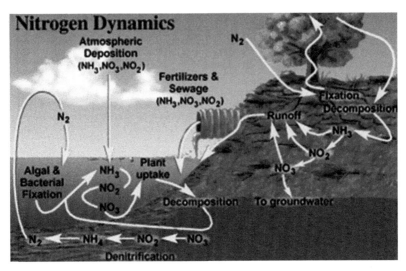

Figure 2.10.
Recyclage de l'azote dans un réservoir

Fertilizers § sewage	*Engrais et eaux usées*
Atmospherix deposition	*Dépôts atmosphériques*
Algal § bacteria fixation	*Fixation des algues et bactéries*
Plant uptake	*Assimilation par les plantes*
To groundwater	*Vers les eaux souterraines*

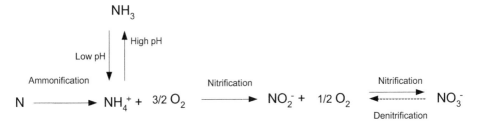

Figure 2.11.
Transformations chimiques de l'azote

High pH	*pH élevé*
Low pH	*pH faible*

La nitrification est le processus qui transforme l'ammoniaque, introduit directement dans le plan d'eau par les eaux usées ou produit par l'ammonification des composés azotés organiques, en nitrites et nitrates, en présence et avec la consommation d'oxygène. Si les concentrations d'oxygène dissous sont épuisées créant des conditions anaérobies, la dénitrification a lieu avec la production d'azote moléculaire diffusé dans l'atmosphère. Ce processus se produit principalement dans les sédiments, mais il peut également se produire dans l'hypolimnion désoxygéné de certains réservoirs. Dans les réservoirs stratifiés eutrophes, les concentrations de N_2 peuvent diminuer dans l'épilimnion en raison de la solubilité réduite lorsque les températures s'élèvent et augmentent dans l'hypolimnion à partir de la dénitrification des nitrates (NO_3) en nitrites (NO_2) et en azote inorganique moléculaire (N_2). Les nitrites (NO_2) s'accumulent rarement sauf dans le métalimnion et l'hypolimnion des systèmes eutrophes. Les concentrations de nitrites sont généralement très faibles, sauf si la pollution organique est élevée.

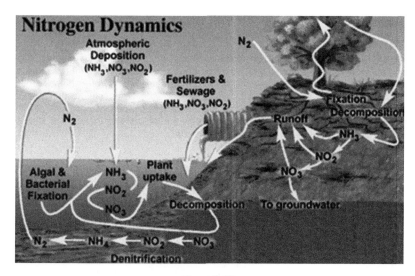

Figure 2.10.
Nitrogen cycling in a reservoir

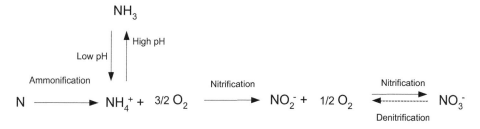

Figure 2.11.
Nitrogen chemical transformations

Nitrification is the process that transforms ammonia, directly input into the water body from sewage or produced by the ammonification of organic nitrogen compounds, into nitrite and nitrate, in the presence and with the consumption of oxygen. If dissolved oxygen concentrations are depleted creating anaerobic conditions, denitrification occurs with the production of molecular nitrogen that is diffused to the atmosphere. This is a process occurring predominantly in the sediments, although it may also occur in the deoxygenated hypolimnia of some reservoirs. In eutrophic stratified reservoirs, concentrations of N_2 may decline in the epilimnion because of reduced solubility as temperatures rise and increase in the hypolimnion from denitrification of nitrate (NO_3) to nitrite (NO_2) to molecular inorganic nitrogen (N_2). Nitrite (NO_2) rarely accumulates except in the metalimnion and hypolimnion of eutrophic systems. Concentrations of nitrite are usually very low unless organic pollution is high.

2.6.2. Le phosphore

Bien qu'il ne soit nécessaire qu'en petites quantités, le phosphore est l'un des facteurs limitants les plus courants de la croissance du phytoplancton des eaux douces. Ces pénuries surviennent car il n'y a aucune voie biologique permettant une fixation de phosphate comparable au processus de fixation de l'azote et ce, en raison de la pauvreté géochimique en phosphore dans de nombreux bassins versants. L'ajout anthropique de phosphore à des plans d'eau douce est l'une des causes de l'augmentation de leur état trophique comme mentionné précédemment. La Figure 2.12. présente la dynamique du phosphore dans l'environnement aquatique.

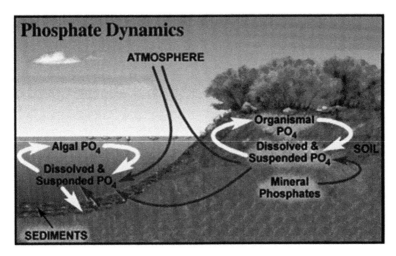

Figure 2.12
Dynamique du phosphore dans un réservoir

Algal PO4	PO des algues 4
Dissolved & suspended PO4	PO4 dissous et en suspension

Dans les systèmes stratifiés profonds, les eaux de surface peuvent avoir des sources limitées de phosphate et la quantité de phosphore « disponible » à la fin de l'hiver peut déterminer le niveau de production primaire du phytoplancton en été. La croissance intensive des algues au printemps épuise généralement les niveaux de phosphate des eaux de surface. Par conséquent, la croissance du phytoplancton pendant l'été consomme habituellement du phosphate recyclé, excrété par les animaux qui se nourrissent de phytoplancton. Des apports benthoniques directs provenant des sédiments déposés dans les réservoirs peuvent être la source la plus importante de ce nutriment en été dans les zones peu profondes.

Les plantes aquatiques enracinées prélèvent du phosphore dans les sédiments et peuvent libérer de grandes quantités de cet élément dans la colonne d'eau. Les phosphates (à la différence des nitrates) sont facilement adsorbés par les particules du sol et les apports élevés de phosphore total sont dus à l'érosion des sols érodables et au ruissellement. Les déchets agricoles, domestiques et industriels sont les principales sources de phosphate soluble et contribuent souvent à une augmentation de l'état trophique et à l'apparition de proliférations d'algues.

2.7. SYNTHESE DES MODELES DE LA QUALITE DE L'EAU DE RESERVOIR

... Dans le domaine de la science, un modèle vise à découvrir quelle structure ou quel ensemble de relations est une véritable représentation, même partielle, de la réalité.

2.6.2. Phosphorous

Although it is only needed in small amounts, phosphorus is one of the more common growth-limiting elements for phytoplankton in fresh waters. These shortages arise as there is no biological pathway enabling phosphate fixation similar to the process of nitrogen fixation and due to geochemical shortage of phosphorus in many drainage basins. The anthropogenic addition of phosphorous to freshwater bodies is one of the causes of the increase of their trophic state as previously referred. Figure 2.12. presents the dynamics of phosphorous in the aquatic environment.

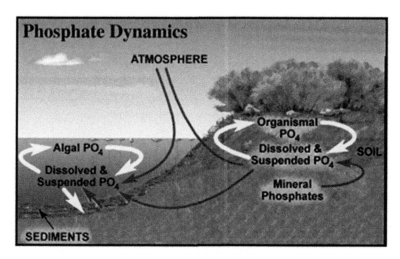

Figure 2.12.
Phosphorous dynamics in a reservoir

In deep stratified systems surface waters may have limited sources of phosphate and the quantity of "available" phosphorus in late winter may determine the level of phytoplankton primary production in summer. Intensive algal growth in spring usually depletes phosphate levels in the surface waters. Hence, phytoplankton growth during the summer usually consumes recycled phosphate, excreted by animals feeding on phytoplankton. Direct benthonic fluxes from the sediments may be the most important source of this nutrient in the summer in shallow areas.

Rooted aquatic plants get phosphorus from sediments and can release large amounts of this element to the water column. Phosphate (in contrast to nitrate) is readily adsorbed to soil particles and high inputs of total phosphorus are due to erosion of erodible soils and from run-off. Agricultural, domestic, and industrial wastes are major sources of soluble phosphate and frequently contribute to an increase of the trophic state and to the occurrence of algal blooms.

2.7.   OVERVIEW OF WATER QUALITY MODELS OF RESERVOIR

...in science, a model has as objective to uncover what structure or what set of relationships are a genuine representation although partial of reality.

Cette définition (McFague, 1982, citée par Thoman e Mueller, 1987) met en relief trois caractéristiques des modèles :

- Les modèles concernant la « découverte ».

- Les modèles concernant le comportement.

- Les modèles qui sont en même temps représentatifs et non représentatifs.

En fait, un modèle n'est qu'une représentation de la réalité qui contient certaines des caractéristiques d'un système qui représente d'une manière plus ou moins détaillée notre compréhension du système et des processus qui régissent l'état de ce système et les relations entre ses composantes (Cardoso da Silva, 2002).

Trois raisons principales peuvent être indiquées pour modéliser la qualité de l'eau (Schooner, 1996) :

- Avoir une meilleure connaissance des processus de destination et de transport des substances présentes dans l'environnement aquatique.

- Déterminer les concentrations de substances auxquelles sont exposés les organismes humains et aquatiques.

- Prévoir l'état futur de l'environnement sous différents scenarios de contraintes avec comme conséquence l'adoption d'autres solutions et mesures de gestion.

La capacité croissante des modèles pour prévoir le comportement des systèmes aquatiques a été la raison principale pour présenter ces techniques comme des outils d'aide à la décision. *La modélisation pronostique* c'est-à-dire l'utilisation de modèles pour simuler les effets de divers plans d'action, est l'une des fonctions les plus motivantes de la modélisation. Une autre utilisation de modèles est réalisée dans le contexte de la modélisation de diagnostic, où la représentation conceptuelle et mathématique vise à aider à comprendre les informations disponibles pour mieux identifier les relations de cause à effet des phénomènes observés.

Bien que la modélisation de diagnostic ne possède pas l'attrait de la capacité de pronostic, elle n'en est pas moins importante (Baptista, 1994). La crédibilité d'une prévision dépendra du degré de calibration et de validation du modèle qui les a fournies.

Les modèles de simulation dynamique intègrent des descriptions mathématiques des processus physiques chimiques et biologiques des lacs ou réservoirs. S'ils sont correctement conçus et calibrés, ces modèles peuvent aider à la prise de décision de gestion qui nécessite l'examen de scénarios alternatifs. En outre, ils offrent souvent une résolution spatiale et temporelle suffisante pour modéliser les proliférations d'algues et autres réactions à l'eutrophisation. Inversement, les exigences en matière de données et la compréhension au niveau des processus requis par les modèles dynamiques peuvent être énormes. Si ces modèles existent depuis des décennies et continuent à se développer, il faut rester prudent quant à leur pouvoir de prédiction et de réalisme. Si un modèle doit être utilisé, il doit être choisi en fonction des informations disponibles sur le lac ou réservoir et des questions auxquelles il faut répondre. Le modèle le plus complexe est rarement nécessaire.

En conséquence, et bien que les modèles ne remplacent jamais les observations, ils peuvent être très utiles pour guider dans la définition de stratégies visant à concevoir des programmes de surveillance et à contribuer à accroître l'efficacité du travail de terrain.

Une gestion adéquate des ressources en eau et, en particulier, des aspects liés à la qualité de l'eau, ne devrait pas dépendre exclusivement de la modélisation. En fait, en raison de la complexité du problème, et bien que les modèles constituent un outil important, la gestion devrait toujours découler de l'analyse globale, mesurée et pluridisciplinaire de plusieurs aspects.

This definition (McFague, 1982, cited by Thoman e Mueller, 1987) enhances three characteristics of models:

- Models are about "discovery".

- Models are about behaviour.

- Models are at the same time true and not true.

In fact, a model is no more than a representation of reality that contains some of the characteristic of a system representing in a more or less detailed way, our understanding of the system and of the processes that govern its state and of the relations between its components (Cardoso da Silva, 2002).

Three main reasons can be stated to build water quality models (Schooner, 1996):

- To get a better understanding of the destiny and transport processes of substances present in the aquatic environment

- To determine concentrations of substances to which are exposed humans and aquatic organisms.

- To forecast future environmental state under different scenarios of pressures as a consequence of the adoption of alternative courses of action and management measures.

The growing capability of models to forecast the behaviour of aquatic systems was the main reason for presenting these techniques as decision support tools. *Prognostic modelling* is the use of models to simulate consequences of alternative courses of action, in one of the most attractive roles of modelling. Another use of models is made in the context of diagnostic modelling, where the conceptual and mathematical representation aims to help the understanding of available information in order to better identify cause-effects relationships for the observed phenomena.

Although diagnostic modelling does not possess the appeal of the capability of prognosis, it is not less relevant (Baptista, 1994). The credibility of a forecast will be dependent on the degree of calibration and validation of the model that produced them.

Dynamic simulation models incorporate mathematical descriptions of physical, chemical and biological processes in lakes or reservoirs. If properly designed and calibrated, these models can assist with management decisions that require considering alternative scenarios. Moreover, they often offer sufficient spatial and temporal resolution to model algal blooms and other responses to eutrophication. Conversely, the data requirements and process-level understanding demanded by dynamic models can be formidable. While such models have been in existence for decades and continue to be developed, it is prudent to be sceptical of their predictive power and realism. If a model is to be used, it should be selected based on the information available about the lake or reservoir and the questions to be answered. The most complex model is seldom necessary.

As a consequence, and although models never replace observations, they can be very useful to guide in the definition of strategies to design monitoring programs and contribute to increase efficiency of field work.

Adequate management of water resources and, in particular, aspects related with water quality, should not exclusively depend upon modelling. In fact, due to the complexity of the problem, and although the models constitute an important tool, management should always result from a global, weighted and multidisciplinary analysis of several aspects.

Une nouvelle technique de prédiction pour la remise en état de l'environnement aquatique, issue de la technologie de l'information, a été récemment décrite. Cette technique, connue sous le nom d'approche "fondée sur la connaissance", aborde le problème sous une perspective différente de la modélisation mathématique. La prédiction par la modélisation mathématique est couramment utilisée par les pays qui ont une base de données riche et fiable, une capacité scientifique pour la modélisation et expérience en gestion. Ces éléments ne sont généralement pas disponibles dans les pays en développement. Par ailleurs, la prédiction « fondée sur la connaissance » est axée sur l'utilisation des connaissances locales du domaine. Alors que pour l'utilisation de modèles mathématiques dans les pays en développement il doit généralement être fait appel à un expert étranger, l'approche fondée sur la connaissance renforce l'expertise locale en matière de techniques prédictives. Les détails et avantages de cette technique ont été récemment discutés par Ongley et Booty (1999).

Un aperçu des types de modèles les plus couramment utilisés pour l'étude des problèmes environnementaux des réservoirs est présenté ci-après.

2.8. STABILITE DES LACS

2.8.1. Les nombres de Wedderburn et le Lake number

Le modèle le plus simple d'un lac stratifié comprend une couche chaude de surface (épilimnion) recouvrant une couche inférieure plus froide (hypolimnion), séparées par une thermocline. Dans ce modèle, le vent soufflant sur le lac déplace l'eau de surface en inclinant la thermocline. La réaction du lac est déterminée par l'intensité relative de la force de restauration barocline, due à la différence de densité entre les deux couches et la force de renversement du vent. Ce ratio est le nombre de Wedderburn (Imberger et Hamblin, 1982) :

$$W = \frac{g'h^2}{u_*^2 L}$$

où $g' = \Delta\rho/\rho g$, $\Delta\rho$ est la différence de densité entre les couches, h est la profondeur de la thermocline, L est la longueur du lac (dans le sens du vent) et u_* est la vitesse de cisaillement induite par le vent.

Selon ce modèle, si W<1, la force de restauration barocline est insuffisante pour empêcher la thermocline de s'incliner jusqu'à ce que l'eau de l'hypolimnion remonte à la surface à l'extrémité du lac exposée au vent, accompagnée d'un mélange important.

Dans de nombreux lacs toutefois, ce modèle de deux couches est trop simple et l'épilimnion et l'hypolimnion sont séparés par une couche à gradient beaucoup plus épaisse, le métalimnion. Dans ces lacs, une certaine remontée de la métalimnion se produit même lorsque W> 1.

Pour une stratification continue, le Lake number (Imberger et Patterson, 1990) constitue une mesure plus utile de la stabilité :

$$L_N = \frac{gS_t(1-h/D)}{\rho_0 u_*^2 A^{3/2}(1-z_g/D)}$$

où A est la superficie du lac, h est la profondeur au centre de la thermocline, D la profondeur du lac, z_g est la hauteur au centre du volume du lac et S_t est la stabilité du lac, donnés par :

$$S_t = \int_0^D (z-z_g)A(z)\rho(z)dz \cdot$$

Pour un Lake number élevé ($L_N \gg 1$) la stratification est si forte que le lac est très stable et qu'il n'y a pas de remontée d'eau et peu de mélange. Lorsque le Lake number est très faible ($L_N <1$), l'eau froide hypolimnique remonte et est accompagnée par un mélange significatif. Il y a un régime intermédiaire dans lequel $L_N> 1$ mais W<1 et le vent ramènera l'eau métalimnétique à la surface, mais pas l'eau hypolimnique plus profonde.

A new predictive technique for remediation of aquatic environment, which comes from the field of Information Technology, was recently described. This technique, known as the "knowledge-based" (K-B) approach, faces the problem from a different perspective to mathematical modelling. Prediction by the mathematical modelling is a common choice in countries, which have a rich, reliable data base, the scientific capacity for the modelling, and experienced management. These are usually not available in developing countries. On the other hand, the "knowledge-based" prediction focuses on the use of local and domain knowledge. As the use of mathematical models in developing countries usually requires a foreign expert, the use of the K-B approach builds a local expertise in predictive techniques. Details and advantages of the K-B technique were recently discussed by Ongley and Booty (1999).

An overview of the types of models more commonly used for the study of environmental problems in reservoirs is presented below.

2.8. LAKE STABILITY

2.8.1. The Wedderburn and Lake Numbers

The simplest model of a stratified lake comprises a warm surface layer (epilimnion) overlying a cooler bottom layer (hypolimnion), separated by a sharp thermocline. In this model, wind blowing over the lake moves the surface water, tilting the thermocline. The response of the lake is determined by the relative strength of the restoring baroclinic force, due to the density difference between the two layers, and the overturning force of the wind. This ratio is the Wedderburn number (Imberger and Hamblin, 1982):

$$W = \frac{g'h^2}{u_*^2 L}$$

where $g' = \Delta\rho/\rho g$, $\Delta\rho$ is the density difference between the layers, h is the depth to the thermocline, L is the length of the lake (in the direction of the wind) and u_* is the shear velocity induced by the wind.

According to this model, if $W<1$, the baroclinic restoring force is insufficient to prevent the thermocline tilting so far that the hypolimnetic water upwells to the surface at the windward end of the lake, accompanied by significant mixing.

In many lakes, however, this two-layer model is too simple and the epilimnion and hypolimnion are separated by a much thicker gradient layer, the metalimnion. In these lakes, some upwelling of metalimnetic occurs even when $W>1$.

For a continuous stratification a more useful measure of stability is the Lake number (Imberger and Patterson, 1990):

$$L_N = \frac{gS_t(1-h/D)}{\rho_0 u_*^2 A^{3/2}(1-z_g/D)}$$

where A is the surface area of the lake, h is the depth to the centre of the thermocline, D the depth of the lake, z_g is the height of the centre of volume of the lake and S_t is the stability of the lake, given by:

$$S_t = \int_0^D (z-z_g)A(z)\rho(z)dz$$

For large Lake numbers ($L_N>>1$) the stratification is so strong that the lake is very stable and there is no upwelling and little mixing. When the Lake number is very small ($L_N<1$), cold hypolimnetic water will up well and will be accompanied by significant mixing. There is an intermediate regime in which $L_N>1$ but $W<1$ and the wind will bring the metalimnetic water to the surface, but not the deeper hypolimnetic water.

Le Lake number suit généralement une tendance saisonnière reflétant les conditions de stratification et de vent, augmentant à un maximum en fin d'été (dans les lacs tempérés) lorsque la stratification est plus stable. Le Lake number a été utilisé comme indicateur de mélange et de transport vertical dans les lacs et les réservoirs et comme facteur de prédiction des paramètres de la qualité de l'eau comme les concentrations d'oxygène dissous, de nutriments et de métal. Le Lake number est généralement calculé en utilisant des profils de température et est bien adapté au calcul automatisé des chaînes de thermistances ou profils CTD.

2.8.2. Le suivi et le contrôle

Les chaînes de thermistances

Etant donné que la stratification thermique d'un réservoir est un élément central des flux verticaux, et donc des processus biologiques et chimiques qui déterminent la qualité de l'eau, il est surprenant que l'évolution du profil de température soit souvent négligée dans les programmes de suivi régulier. De nombreux exploitants de retenues incluent des profils de température dans leur programme de surveillance, mais cela se limite souvent à des mesures trimestrielles pour coïncider avec celles d'autres paramètres de qualité de l'eau. La technique habituelle au cours de ces exercices d'échantillonnage est de laisser tomber un instrument dans la colonne d'eau, en mesurant en continu la température et la profondeur (et souvent la conductivité) avec une résolution spatiale de l'ordre d'un centimètre. Le coût relativement élevé de collecte et d'analyse des échantillons d'eau pour la composition chimique fait habituellement que toute surveillance est limitée au strict minimum nécessaire.

Une alternative à l'obtention de profils de température en utilisant une seule thermistance sur une sonde consiste à employer une gamme de thermistances fixées en permanence dans les profondeurs du réservoir : c'est la chaîne de thermistances. Une chaîne unique de thermistances peut inclure des thermistances à un espacement vertical d'un à deux mètres près de la surface et à un plus grand espacement en profondeur. La chaîne de thermistances est fixée à un amarrage qui permet les changements prévus dans le niveau de l'eau. Lorsque de grandes plages de fonctionnement sont attendues, des systèmes de poids et de flotteurs sont nécessaires pour veiller à ce que la chaîne de thermistances reste plus ou moins verticale. Chaque thermistance mesure en général la température à des périodes de quelques minutes, bien que certaines applications permettent des périodes de mesure aussi petites que dix secondes. Chaque thermistance est reliée à un enregistreur de données qui stocke localement les données sur la chaîne pour une extraction manuelle ou les transmet par télémétrie à une station terrestre.

Une chaîne permanente de thermistances permet à un gestionnaire de réservoir de mesurer une large gamme de processus physiques allant de la stratification saisonnière aux ondes internes. Ainsi, il est possible de comprendre les questions importantes qui touchent la qualité de l'eau comme : la manière dont la thermocline saisonnière évolue, à quel moment le brassage automnal est probable, ainsi que l'amplitude des ondes internes à grande échelle. Lorsqu'une chaîne de thermistances est reliée à une station terrestre par télémétrie, les données en matière de température peuvent être disponibles en temps réel. Cela aide les gestionnaires du réservoir à décider des stratégies d'exploitation comme le choix des rejets ou l'utilisation d'un déstratificateur artificiel.

Outre les avantages d'une plus grande résolution temporelle, les chaînes de thermistances peuvent fournir un programme de surveillance rentable là où le coût de surveillance manuelle est élevé comme dans des endroits reculés par exemple.

The Lake number generally follows a seasonal trend reflecting the stratification and wind conditions, increasing to a maximum in late summer (in temperate lakes) when the stratification is most stable. The Lake number has been used as an indicator of mixing and vertical transport in lakes and reservoirs and as a predictor of water quality parameters such as dissolved oxygen, nutrient and metal concentrations. The Lake number is typically calculated using profiles of temperature and is well suited to automated calculation from thermistor chains or CTD profiles.

2.8.2. Monitoring and Control

Thermistor chains

Since the thermal stratification of a reservoir is central to vertical fluxes, and hence to the biological and chemical processes that determines water quality, it is surprising that the evolution of the temperature profile is often overlooked in regular monitoring programs. Many reservoir operators include temperature profiles in their monitoring program, but this is often restricted to quarterly measurements to coincide with other water quality parameters. The usual technique during such sampling exercises is to drop an instrument through the water column, continuously measuring temperature and depth (and often conductivity) at a spatial resolution of the order of one centimetre. The relatively high cost of collecting and analyzing water samples for chemical composition usually ensures that any monitoring is restricted to the absolute minimum necessary.

An alternative to obtaining temperature profiles using a single thermistor on a probe is to employ an array of thermistors permanently fixed at depths in the reservoir – a thermistor chain. A single thermistor chain might include thermistors at vertical spacing of one to two meters near the surface and at greater spacing at depth. The thermistor chain is fixed to a mooring that allows for the anticipated changes in water level. Where large operating ranges are expected, systems of weights and floats are necessary to ensure the thermistor chain remains approximately vertical. Each thermistor measures the temperature at periods of typically several minutes, although some applications allow sampling periods of as little as ten seconds. The individual thermistors are connected to a data-logger that either stores the data locally on the chain for manual retrieval or relays it to a shore station via telemetry.

A permanent thermistor chain allows a reservoir manager to measure a wide range of physical processes from the seasonal stratification to internal waves. In this way it is possible to understand important issues that effect water quality such as: how the seasonal thermocline evolves, when autumn turnover is likely, the amplitude of large-scale internal waves. When a thermistor chain is linked to a shore station by telemetry the temperature data can be made available in real-timeThis aids reservoir managers in deciding operating strategies such as the choice of off-take or the use of an artificial destratifier.

In addition to the advantages of greater temporal resolution, thermistor chains can provide a cost-effective monitoring program where the cost of manually profiling is high, for example in remote locations.

Nous avons décrit comment la dynamique d'un réservoir est déterminée par l'équilibre entre les effets stabilisateurs de la stratification thermique, causés par le rayonnement solaire, et les effets déstabilisateurs du vent et du refroidissement. La mesure de la stratification thermique, de préférence à l'aide d'une chaîne de thermistances, n'est qu'une partie de la problématique; elle décrit l'effet net des contraintes météorologiques sur la stratification thermique, mais ne fournit aucune donnée enregistrée des contraintes elles-mêmes. Les principales données météorologiques pertinentes sur la qualité de l'eau des réservoirs sont : la température de l'air, la vitesse du vent, le rayonnement solaire et l'humidité. Tous ces éléments contribuent à la thermodynamique de la couche de surface et la vitesse du vent fournit également de l'énergie et une impulsion à la propagation des ondes internes et du mélange.

Dans de nombreux lieux, des données météorologiques de grande qualité sont recueillies dans une station à proximité par l'agence gouvernementale concernée. Cependant, il est souhaitable dans certains cas de prendre les mesures sur le site du réservoir, de préférence sur le lac lui-même. Comme le vent joue un rôle important dans le mélange et est souvent principalement local, il est de plus en plus courant de prévoir au moins un anémomètre sur le site, souvent sur l'amarrage de la chaîne de thermistances. La combinaison des données de température fournies par une chaîne de thermistances et les données relatives au vent fournies par un anémomètre permet à l'opérateur de la retenue de calculer le Lake number à partir duquel peuvent être déduits la dynamique, le mélange et même la qualité de l'eau du réservoir. La collecte de données météorologiques plus complètes est habituellement réservée aux sites où sont utilisés des modèles numériques.

Le modèle de corrélation du Lake number

C'est un modèle informatique simple qui utilise les données de température mesurée par la chaîne de thermistances dans un lac ainsi que la vitesse du vent sur le lac. Il permet de calculer le Lake number. A partir du Lake number et des corrélations avec des enregistrements historiques de variables biologiques et chimiques, il est possible de prédire les niveaux d'oxygène, de manganèse et de fer et, plus récemment, la biomasse du phytoplancton. Le modèle de corrélation part du principe que si la stabilité du lac est faible, les variables géochimiques varient uniquement à cause du mélange et que si la stabilité du lac est forte, l'évolution des variables est principalement attribuable aux changements des taux des apports biogéochimiques. Ce modèle de corrélation simple a été appliqué à un certain nombre de lacs et a donné d'excellents résultats. Cette technique peut être étendue pour prendre en compte le transport par les apports d'eau d'éventuels autres produits chimiques et micro-organismes. Le modèle devra être calibré pour chaque retenue d'eau.

L'objectif principal de ces techniques est de fournir en continu des mesures rapides et simples des indicateurs, mesures qui sont ensuite utilisées pour contrôler l'exploitation du lac comme le niveau de l'eau, le niveau de prise d'eau et éventuellement alerter les exploitants de la station de traitement en aval des changements de la qualité de l'eau.

Les caractéristiques des apports d'eau

Dans certaines circonstances, il est important d'être en mesure de prédire la profondeur à laquelle un apport d'eau s'insérera dans un réservoir ; un afflux peut avoir une eau de mauvaise qualité ou être même contaminée par un épisode survenu dans le bassin versant. Comme nous l'avons décrit ci-dessus, la profondeur à laquelle une entrée d'eau s'insère dépend de la stratification du réservoir et de la température de l'entrée d'eau. La stratification peut être mesurée par un profil de température, ou de préférence par une chaîne de thermistances, mais ces informations doivent être combinées avec la température de l'eau entrante. Bien qu'il soit possible de déduire la température des apports de la température de l'air lors d'événements pluvieux ou de mesurer directement la température du cours d'eau au moment concerné, il est désormais possible d'installer de petites thermistances autonomes pour enregistrer en continu la température de l'eau entrante. Ceci est particulièrement important si des modèles numériques sont utilisés pour prédire la dynamique du réservoir.

Weather stations

We have described how the dynamics of a reservoir is determined by the balance between the stabilising effects of thermal stratification, caused by solar radiation, and the destabilising effects of wind and cooling. The measurement of the thermal stratification, ideally using a thermistor chain, provides only part of the story; it describes the net effect of meteorological forcing on the thermal stratification but provides no record of the forcing itself. The major meteorological data of relevance to water quality in reservoirs are air temperature, wind speed, solar radiation and humidity. All of these contribute to the thermodynamics of the surface layer and the wind speed also contributes energy and momentum for driving internal waves and mixing.

In many locations high quality meteorological data is collected at a nearby station by the relevant government agency. However, in some instances it is desirable to measure at the reservoir site, preferably on the lake itself. Since wind plays such an important role in mixing and is often highly local, it is becoming more common to include at least a wind anemometer at the site, often on a thermistor chain mooring. The combination of temperature data from a thermistor chain and wind data from an anemometer allows the reservoir operator to calculate the Lake number, from which reservoir dynamics, mixing and even water quality can be inferred. The collection of more complete meteorological data is usually reserved to those sites where numerical models are used.

Lake number correlation model

This is a simple computer model that uses temperature data measured by the thermistor chain in a lake and wind speed over the lake. This allows the Lake Number to be computed. From the Lake Number and correlations with historical records of biological and chemical variables, it is possible to predict oxygen, manganese and iron levels and, most recently, phytoplankton biomass. The correlation model is based on the premise that if the lake stability is weak then the geochemical variables vary only due to mixing, and if the stability of the lake is strong then the variation in the variables is predominantly due to changes in the rate of biogeochemical fluxes. This simple correlation model has been applied to a number of lakes and yields excellent results. This technique could be extended to cover transport of potentially other chemicals and micro-organisms by inflows. The model will need to be calibrated for each reservoir.

The main objective of such techniques is to provide ongoing rapid simple indicator measurements which are then used to control the operations of the lake such as water level, off-take level and possibly alert the operators of the treatment plant downstream of changes in water quality.

Inflow characteristics

In some circumstances it is important to be able to predict the depth at which an inflow will insert in a reservoir; an inflow may be of poor water quality or even contaminated by an event in the catchment. As we have described above, the depth at which an inflow inserts depends on the stratification in the reservoir and the temperature of the inflow. The stratification can be measured by a temperature profile, or preferably a thermistor chain, but this information must be combined with the temperature of the inflow. Although it is possible to infer inflow temperatures from air temperatures during rainfall events or to directly measure the stream water temperature at the time of interest, it is now possible to install small self-logging thermistors to continuously record the inflow water temperature. This is particularly important if numerical models are being used to predict the dynamics of the reservoir.

Les échantillonneurs et analyseurs automatiques

Les instruments décrits ci-dessus recueillent des données physiques et sont bien connus. Les progrès récents du développement de ces instruments ont abouti à des systèmes automatiques et robustes de prélèvement et d'analyse en mesure de fournir un enregistrement continu des concentrations de produits chimiques et de nutriments à des endroits choisis. Bien qu'elle soit encore relativement coûteuse, cette technologie a aussi sa place dans la gestion des sources d'eau potable essentielles et la collecte de données de haute qualité pour le calibrage et la validation des modèles numériques. Les progrès récents de la technologie des capteurs permettent également de mesurer divers paramètres supplémentaires de la qualité de l'eau, comme la lumière en profondeur, la fluorescence, l'oxygène dissous et le pH.

2.8.3. L'acquisition des données en temps réel, la modélisation et le contrôle

L'évolution récente de notre compréhension de la dynamique des retenues ainsi que l'évolution des instruments et des techniques de contrôle de cette dynamique nous fournit tous les éléments nécessaires pour développer un système intégré d'acquisition et de contrôle des données en temps réel pour la gestion des retenues. Comme la valeur de certaines ressources en eau augmente et que la menace sur la qualité de ces ressources augmente aussi, la nécessité d'un tel système se posera peut-être plus tôt que l'on pourrait le penser.

Des systèmes d'acquisition et d'affichage de données en temps réel sont déjà largement disponibles. Des données utiles comprendraient la stratification de la retenue et la qualité de l'eau, les contraintes météorologiques et les apports d'eau. Les données seraient transférées automatiquement à une base de données qui pourrait être accessible par un réseau informatique. Le système d'acquisition de données pourrait aussi inclure certaines vérifications simples des instruments et des alarmes pour informer les opérateurs et les gestionnaires des pannes du capteur. Cela permettrait d'entretenir et de réparer les instruments en temps voulu et de minimiser les lacunes dans un ensemble de données utiles.

L'étape suivante consisterait à relier l'acquisition des données à des modèles hydrodynamiques et de qualité de l'eau du réservoir. L'accès en temps réel à la température continue, aux apports et aux facteurs météorologiques permet de vérifier en permanence la validité des modèles hydrodynamiques et de la qualité de l'eau et d'ajuster les coefficients de calibrage le cas échéant. Ces contrôles pourraient être automatisés à un intervalle régulier (hebdomadaire) pour veiller à ce que les modèles restent bien calibrés. Les mêmes données en temps réel peuvent aussi être utilisées pour initialiser les modèles, ce qui permet de commencer des simulations prédictives en temps réel. Les modèles utiliseraient une base historique de données des apports et des contraintes météorologiques pour progresser à partir de n'importe quelle condition initiale donnée. Cela permettrait à un exploitant de retenue de prédire la future température et qualité de l'eau d'un réservoir à la suite d'un événement particulier, et d'examiner diverses stratégies d'exploitation.

Enfin, la télémétrie permettrait à l'exploitant de la retenue de mettre en œuvre la stratégie de fonctionnement recommandée par la modélisation, en activant les mesures de contrôle requises, comme un déstratificateur de type de panache de bulles ou de modifier la profondeur du retrait sélectif.

2.9. MODELISATION DE LA QUALITE DE L'EAU

2.9.1. Les modèles de température unidimensionnelle

Ces modèles simulent le bilan énergétique d'une retenue, en prévoyant la distribution verticale et la variation de la température en considérant le réservoir en tant que système unidimensionnel.

Lorsque la stratification est forte et que le réservoir est profond avec une surface relativement réduite, les résultats sont, en général, satisfaisants. Au contraire, lorsque la stratification est faible, voire inexistante, ou lorsque la retenue est longue et étroite, l'hypothèse d'homogénéité horizontale est parfois loin de la réalité. Pour de tels cas, les deux représentations bi et tridimensionnelles sont nécessaires.

Auto-samplers and auto-analysers

The instruments described above collect physical data and are well established. Recent advances in instrument development have resulted in robust automatic sampling and analysis systems able to provide a continuous record of chemical and nutrient concentrations at selected locations. Although still relatively expensive, this technology has a place in the management of critical drinking water resources and in the collection of high-quality data for the calibration and validation of numerical models. Recent advances in sensor technology also allow measurement of various additional water quality parameters including light at depth, fluorescence, dissolved oxygen and pH.

2.8.3. Real-Time Data Acquisition, Modeling and Control

Recent advances in our understanding of reservoir dynamics, in instrumentation and in techniques to control reservoir dynamics provide us with all the elements necessary to develop an integrated real-time data-acquisition and control system for the management of reservoirs. As the value of some water resources increases and the threat to the quality of those water resources also increases, the need for such a system may not be as far in the future as we might think.

Real-time data acquisition and display systems are already widely available. Useful data would include reservoir stratification and water quality, meteorological forcing and inflows. The data would be automatically transferred to a database that could be accessed through a computer network. The data acquisition system could also include some simple instrument checks and alarms to notify operators and managers of sensor failure. This would allow timely maintenance and repair of instruments and minimise gaps in an otherwise valuable data set.

The next step would be to link the data acquisition to hydrodynamic and water quality models of the reservoir. Access to real time continuous temperature, inflow and meteorological provides the opportunity to continuously check the validity of the hydrodynamic and water quality models and to adjust calibration coefficients if necessary. Such checks could be automated at a regular (weekly) interval to ensure the models remain well calibrated. The same real time data can also be used to initialise the models, allowing predictive simulations to commence from real time. The models would use a historical database of inflows and meteorological forcing to step forward from any given initial condition. This would allow a reservoir manager to predict future temperature structure and water quality in a reservoir following a particular event and to investigate a range of operating strategies.

Finally, telemetry would allow the reservoir manager to implement the operating strategy recommended by the modelling, activating control measures required, such as a bubble-plume destratifier or changing the selective withdrawal depth.

2.9. WATER QUALITY MODELS

2.9.1. One-dimensional Temperature Models

These models simulate the energy balance in a reservoir, forecasting vertical temperature distribution and variation, considering the reservoir as a one-dimension system.

When stratification is strong and the reservoir is deep with a relatively reduced surface, results are, in general, satisfactory. On the contrary, when stratification is weak or even inexistent, or when the reservoir is long and narrow, the hypothesis of horizontal homogeneity is sometimes far away from reality. For such cases, two and three-dimensional representations are required.

La simulation des variations de température verticale a été ainsi obtenue par l'utilisation de l'équation d'advection-diffusion unidimensionnelle et l'équation de conservation de l'énergie.

Il existe essentiellement deux modèles mathématiques avec des structures très similaires qui sont encore très utilisés bien qu'ils datent des années soixante ou soixante-dix : l'un, développé par la Water Resources Engineers, Inc (WRE, 1968), et l'autre par le Parsons Laboratory, Massachusetts Institute of Technology, MIT (HUBER, 1972). Les deux modèles utilisent les procédures de bilan thermique qui ont été développées par l'Engineering Laboratory de la Tennessee Valley Authority (TVA, 1972) et les deux sont bien documentés.

2.9.2. *Les modèles unidimensionnels de la qualité de l'eau*

Une fois le cycle thermique annuel des retenues stratifiées représenté, l'étape suivante de la modélisation consiste à étendre les modèles unidimensionnels de température à la caractérisation des cycles correspondants de la qualité de l'eau. Cela a été d'abord réalisé à l'aide de l'équation d'advection-diffusion unidimensionnelle et de la même structure conceptuelle que celle utilisée pour les modèles de température, en ajoutant des compléments pour d'autres processus liés à la qualité de l'eau.

Selon Orlob (1983), un critère possible pour l'applicabilité d'une représentation unidimensionnelle est basé sur le calcul du nombre de Froude de la retenue. Ce paramètre sans dimension compare les forces d'inertie, représentées par une vitesse moyenne de débit, aux forces qui tendent à maintenir la stabilité densimétrique.

La modélisation des paramètres de la qualité de l'eau des réservoirs a été une séquence logique de la simulation de la température et certains auteurs l'ont réalisée au cours des années soixante-dix, en l'occurrence WRE ou MIT. Un modèle de la qualité écologique de l'eau a été développé par Chen à l'Agence de protection de l'environnement (US-EPA) (Chen et Orlob, 1975) et le dernier développé est devenu le modèle LAKECO. Ce modèle comprend 22 différentes variables d'états biotiques et abiotiques.

Le groupe du MIT a élargi le modèle de température pour y inclure la simulation de l'oxygène dissous (DO) et la demande biochimique en oxygène (DBO) et a appliqué son modèle au réservoir Fontana, dans le système des ressources en eau de la Tennessee Valley Authority (Markofsky et Harleman, 1973).

Baca et Arnett (1976) ont apporté une amélioration pour les modèles unidimensionnels de la qualité de l'eau, en y intégrant la méthode des éléments finis. Le modèle ainsi obtenu évite les problèmes de diffusion numérique, d'instabilité et d'adaptation à des gradients élevés.

Le modèle dynamique unidimensionnel de DYRESM, développé par Imberger (Imberger, 1981), est apparu dans les années quatre-vingt et a été appliqué avec succès pour la prévision de la température et de la salinité des lacs et réservoirs de petite et moyenne taille. Plus récemment, le Laboratoire de l'environnement (Environmental Laboratory) de Vicksburg a développé le modèle CE-QUAL-R1, qui décrit la distribution verticale de la température et les substances chimiques et biologiques d'un réservoir au fil du temps. Des exemples plus récents de l'application de ces modèles, utilisant des versions améliorées, ont été signalés entre autres par Hamilton et Schladow, 1997, Bo-Ping Han et. al, 2000 et Gal et al., 2003.

D'autres modèles unidimensionnels de la qualité écologique de l'eau des réservoirs stratifiés sont couramment utilisés partout dans le monde. L'un de leurs modèles représentatifs a été initialement développé par WRE (Chen et Orlob, 1975) et a été à la base du modèle WQRRS (Water Quality for River-Reservoir Systems ou modèle de la qualité des *eaux des* réservoirs des cours d'eau (famille HEC de modèles). Ce modèle décrit la distribution verticale de l'énergie thermique et des concentrations de substances et est destiné à être utilisé comme un outil de planification pour étudier la qualité de l'eau avant et après la construction d'un barrage ainsi que pour évaluer les effets de l'exploitation du réservoir. Le modèle intègre également les questions de qualité de l'eau associées à l'eutrophisation et aux conditions anaérobies.

Simulation of vertical temperature variations has been well achieved by the use of one-dimensional advection-diffusion equation, and the energy conservation equation.

There are basically two mathematical models with very similar structures that although from the sixties or early seventies are still very used: one, developed by the company Water Resources Engineers, Inc (WRE, 1968), and other by the Parsons Laboratory, Massachusetts Institute of Technology, MIT (HUBER, 1972). Both use the heat budget procedures that were developed by the Engineering Laboratory of the Tennessee Valley Authority (TVA, 1972), and both are well documented.

2.9.2. One-dimensional Water Quality Models

Once the annual thermal cycle in stratified reservoirs could be represented, the next step in modelling was to extend the one-dimensional temperature models towards the characterization of the corresponding water quality cycles. This was first achieved using the one-dimensional advection-diffusion equation and the same conceptual structure as the used for temperature models, adding terms for other processes related with water quality.

According with Orlob (1983), a possible criterion about the applicability of a one-dimensional representation is based on the calculation of the reservoir densimetric Froude number. This dimensionless parameter compares the inertia forces, represented by an average flow velocity, with the forces that tend to maintain the densimetric stability.

Modelling water quality parameters in reservoirs was a logic sequence of temperature simulation, and some authors carried it out during the seventies namely WRE or MIT. An ecological water quality model was developed by Chen for the Environmental Protection Agency (US-EPA) (Chen and Orlob, 1975) and later became the LAKECO model. This model includes 22 different biotic and abiotic state variables.

The MIT group made an extension of the temperature model to include the simulation of dissolved oxygen (DO) and biochemical oxygen demand (BOD), and demonstrated its application at the Fontana reservoir, in the water resources system of the Tennessee Valley Authority (Markofsky and Harleman, 1973).

Baca and Arnett (1976) introduced an improvement in the solution technique for the one-dimensional water quality models, incorporating the finite element method. The resulting model avoids problems of numerical diffusion, instability and adaptation to high gradients.

The one-dimensional dynamic model DYRESM appeared in the eighties, developed by Imberger (Imberger, 1981), and was successfully applied for temperature and salinity forecast in lakes and reservoirs of small and average size. More recently, the Environmental Laboratory in Vicksburg developed the CE-QUAL-R1 model, which describes the vertical distribution of temperature and chemical and biological substances of a reservoir along the time. More recent examples of the application of these models, using improved versions, were reported by, e. g. Hamilton and Schladow, 1997, Bo-Ping Han et. al, 2000 and Gal et al., 2003.

Currently, other one-dimensional ecological-water quality models for stratified reservoirs are in use all over the world. One model representative of these was originally developed by WRE (Chen and Orlob, 1975) and it formed the basis of the WQRRS (Water Quality for River-Reservoir Systems) model (HEC family of models). This model describes the vertical distribution of thermal energy and of concentrations of substances and is meant to be used as a planning tool to study water quality before and after the construction of a certain dam, as well as for the evaluation of effects of reservoir operation. The model also incorporates the water quality issues associated with eutrophication and anaerobic conditions.

2.9.3. Les modèles multicouches

L'objectif final de la modélisation dynamique des réservoirs ou des grands lacs est de permettre une description adéquate de la simulation des équilibres écologiques et de la qualité de l'eau d'un système de limnologie. Compte tenu de la stratification générée par les effets de la température, de la salinité ou des solides en suspension, des modèles unidimensionnels et bidimensionnels ne sont suffisants que dans des cas particuliers.

Un grand nombre de réservoirs et lacs, relativement petits, avec une stratification thermique nette, peuvent être bien modélisés dans une dimension. Toutefois, lorsque le réservoir est long et étroit, ou lorsque la stratification est fortement affectée par le mouvement provoqué par des apports importants, l'approche unidimensionnelle ne suffit plus.

Dans les lacs et les réservoirs peu profonds ce problème revêt peu d'importance une fois assurée l'homogénéité verticale. Dans ce cas, les modèles bidimensionnels de circulation (sur le plan horizontal) peuvent suffire à décrire les champs actuels et le transport de masse. Tel est le cas des modèles comme ceux développés par Leendertse, 1967 et Masch 1969, initialement pour simuler la circulation dans les systèmes d'eau peu profonds comme les estuaires.

Cependant, même les systèmes peu profonds peuvent nécessiter une résolution verticale, pour traiter par exemple les cycles biologiques liés au rayonnement solaire sur l'interface air-eau, ainsi que les processus benthiques de la partie inférieure de la colonne d'eau. La stratification due à la densité de l'eau nécessite une plus grande précision sur la représentation mathématique des phénomènes hydrodynamiques du réservoir.

Les modèles où l'hydrodynamique du flux thermiquement stratifié est le principal problème sont généralement inclus dans les modèles multicouches (Simons, 1973, Cheng et al., 1976). Dans ces modèles, l'épaisseur des couches peut être constante ou variable et le nombre de couches peut également être différent.

Le modèle multicouches développé par Simons est bien représentatif de ces modèles qui ont été utilisés avec un succès acceptable pour certains Grands Lacs en Amérique du Nord et pour le lac Vänern en Suède (Simons, 1977, Orlob, 1977).

Les modèles bidimensionnels de circulation des écoulements stratifiés utilisés pour simuler le comportement des longs réservoirs de forme étroite sont bien représentés par le modèle en éléments finis RMA2, développé par King et Norton (1975) et par le modèle des différences finies d'Edinger et Buchak (1975). Le modèle RMA2 a été amélioré au fil des années et est actuellement disponible en version commerciale.

2.9.4. Les modèles bidimensionnels ou tridimensionnels de la qualité de l'eau

La modélisation du transport des substances conservatrices des lacs peu profonds est représentée par le modèle de Lam et Simons (1976), qui a été appliqué au lac Erié. Le problème des substances non-conservatrices, notamment les nutriments et le phytoplancton, a été résolu dans le modèle Green Bay par Patterson (1975), et dans le modèle de la productivité du phytoplancton du lac Erié développé par DiToro (1975).

Dans chacun de ces exemples, les modèles ont été gérés à partir d'un champ connu de courants obtenus par des mesures de terrain ou d'un modèle de circulation. Le modèle Lam et Simons a traité le système du lac comme s'il était doté d'un mélange vertical (une couche) ou d'une stratification (deux couches), tandis que les autres modèles supposaient une homogénéité verticale.

Les phénomènes d'eutrophisation ont été modélisés en utilisant le principe de l'équilibre nutritif général qui a été d'abord présenté par Vollenweider (1975) et plus tard par Snodgrass et O'Melia (1975). Les modèles de Thomann (1975) et Chen (1975) pour le lac Ontario sont des exemples d'une représentation bidimensionnelle et tridimensionnelle plus globale des interactions nutriments-biotes en fonction du temps dans les systèmes lacustres.

2.9.3. Multi-layer Models

The final goal on the dynamic modelling of reservoirs or large lakes is to allow an adequate description for the simulation of ecological and water quality balances of a limnological system. Due to the stratification introduced by the effects of temperature, salinity or suspended solids, one-dimensional and two-dimensional models are only sufficient in special cases.

A large number of reservoirs and lakes, relatively small, with a clear thermal stratification, may be well modeled in one dimension. However, when the reservoir is long and narrow, or when stratification is strongly affected by the momentum transferred by large inflows, the one-dimensional approach is not satisfactory anymore.

In shallow lakes and reservoirs this problem is not so relevant, once vertical homogeneity is ensured. In this case, the two-dimensional (in the horizontal) circulation models may be sufficiently adequate to describe the current fields and the mass transport. That is the case of models like Leendertse, 1967 and Masch, 1969, originally developed to simulate the circulation in shallow water systems like estuaries.

However, even the shallow systems may require a vertical resolution, for instance to deal with the biological cycles that are related with the solar radiation at the air-water interface, as well as with the benthic processes at the lower part of the water column. Stratification due to water density requires a greater accuracy on the mathematical representation of the hydrodynamic phenomena of the reservoir.

Models where hydrodynamics of the thermally stratified flow is the main issue are generally included in the multi-layer models (Simons, 1973, Cheng et al., 1976). In these models the thickness of the layers may be constant or variable and the number of layers may also differ.

The multi-layer model developed by Simons is well representative of such models, which were used with reasonable success to some of the Great Lakes in North America and to Lake Vanern in Sweden (Simons, 1977, Orlob, 1977).

The two-dimensional circulation models in stratified flows used to simulate the behaviour of long shaped and narrow reservoirs are well represented by the finite element model RMA2, developed by King and Norton (1975), and by the finite difference model of Edinger and Buchak (1975). The RMA2 model has been improved along the years and is currently available in a commercial version.

2.9.4. Two and Three-dimensional Water Quality Models

The modelling of transport and conservative substances in shallow lakes is represented by the model of Lam and Simons (1976), which was applied to Lake Erie. The problem of non-conservative substances, including nutrients and phytoplankton, was solved in the Green Bay model by Patterson (1975), and in the phytoplankton productivity model of Lake Erie developed by DiToro (1975).

In each of these examples' models were run from a known field of currents obtained by field measurements or a circulation model. The Lam and Simons model treated the lake system as having vertical mixture (one layer) or having stratification (two layers), while the other models assumed vertical homogeneity.

The eutrophication phenomena have been modeled using the principle of general nutrient balance, which was firstly presented by Vollenweider (1975) and later by Snodgrass and O'Melia (1975). The models of Thomann (1975) and Chen (1975), for Lake Ontario are examples of a more comprehensive two- and three-dimensional representation of the nutrients-biota time varying interactions in lake systems.

Trois différents types de modèles ont été identifiés par Thomann, allant d'un modèle simple à trois couches (épilimnion, hypolimnion et benthos) à un modèle à sept couches avec 67 segments et jusqu'à 15 variables.

CLEANER, un modèle écologique pour les lacs, qui comprend jusqu'à 34 variables d'état, réduit le réservoir à une colonne d'eau d'un mètre carré qui peut être divisée en dix cellules pour permettre la résolution verticale. Ce modèle a été utilisé dans diverses situations et différents pays comme les Etats-Unis, l'Ecosse, la Scandinavie, le lac Balaton en Hongrie, ainsi que d'autres lacs en République tchèque et en Italie.

La modélisation de pointe, qu'elle soit écologique ou sur la qualité de l'eau, est probablement bien représentée, aujourd'hui encore, par les modèles de productivité du phytoplancton de Ditoro (1975), Thomann (1975) et Chen (1975). Le modèle CLEANER susmentionné ajoute à ces modèles la caractérisation biologique des réservoirs.

Buchak et Edinger ont développé le modèle LARM2 (Edinger et Buchak, 1975) pour la simulation de l'hydrodynamique et le transport des polluants dans les réservoirs. Ce modèle est à moyenne latérale étant bidimensionnel dans le plan XY (longitudinal-vertical) et a la possibilité d'ajouter ou d'éliminer les segments longitudinaux pendant la montée ou la descente du niveau d'eau du réservoir. Plus récemment, Cole et Buchak ont développé le modèle CE-QUAL-W2 (Cole et Buchak, 1995), une extension du LARM2, qui inclut la possibilité de simuler des réservoirs à plusieurs branches.

Plusieurs versions des modèles RMA ont été utilisées pour différentes études de qualité de l'eau (comme King et Norton, 1975). Le modèle RMA2 mentionné ci-dessus a par exemple été utilisé comme base hydrodynamique pour un modèle sur la qualité de l'eau, le modèle RMA4, qui a été employé avec succès aussi bien dans les systèmes d'estuaires que dans les réservoirs. RMA7 a été développé pour simuler les variables de qualité de l'eau dans un réservoir bidimensionnel à moyenne latérale.

2.9.5. Les modèles d'eutrophisation

L'enrichissement des lacs et des réservoirs en nutriments a suscité une préoccupation croissante chez les experts de la lutte contre la pollution, les biologistes et les environnementalistes en général. Toutefois, ce n'est que récemment qu'un effort conjugué a été entrepris dans quelques pays pour quantifier les effets et établir des stratégies différentes de contrôle en ce qui concerne l'équilibre des nutriments dans les réservoirs.

Le modèle de Vollenweider (1975) pour le phosphore mentionné précédemment figure parmi les premiers modèles d'eutrophisation concernant les bilans de la masse des nutriments et est largement appliqué. Considérant que le bilan en phosphore résulte de la somme des sources externes, des effluents et de la sédimentation, aussi bien que du temps de séjour dans le réservoir, Vollenweider a proposé une équation relativement simple pour évaluer l'évolution dans le temps de la concentration en phosphore.

Jørgensen (1976) a analysé les différentes approches du problème de l'eutrophisation et a conclu qu'il est crucial que les modèles d'eutrophisation comprennent au moins trois niveaux trophiques : le phytoplancton, le zooplancton et les poissons. Ils devraient également permettre l'échange de nutriments entre les sédiments et l'eau. Ces modèles peuvent donner une description plus précise de la réaction du système aux variations saisonnières des apports en nutriments.

Un examen approfondi des modèles disponibles de ce type a été présenté par Reckhow et Chappra (1999).

Three different types of models were identified by Thomann, ranging from a simple three-layer model (epilimnion, hypolimnion, and benthos), up to a seven-layer model with 67 segments and up to 15 variables.

CLEANER, an ecological model for lakes, which includes up to 34 state variables, reduces the water body to a one square meter water column that may be divided up to ten cells to allow vertical resolution. This model was used in a variety of situations and countries like the USA, Scotland, Scandinavia, Lake Balaton in Hungary, and also other lakes in Czech Republic and Italy.

The "state-of-the-art" of ecological or water quality modelling is probably well represented, even today, by the phytoplankton productivity models of Ditoro (1975), Thomann (1975), and Chen (1975). The above-mentioned model CLEANER adds to those models the biological characterization in reservoirs.

Buchak and Edinger developed the model LARM2 (Edinger and Buchak, 1975) for the simulation of hydrodynamics and transport of pollutants in reservoirs. This model is laterally averaged, being two-dimensional in the X-Y plane (longitudinal - vertical) and has the possibility of adding or eliminating longitudinal segments during the rising or the falling of the reservoir water level. More recently, Cole and Buchak developed the CE-QUAL-W2 model (Cole and Buchak, 1995), an extension of LARM2, which includes the possibility of simulating reservoirs with several branches.

Several versions of RMA models have been used for different water quality studies (e.g. King and Norton, 1975). For example, the above mentioned RMA2 model was used as the hydrodynamic basis for a water quality model, the RMA4 model, which has been used with success both in estuarine systems as in reservoirs. RMA7 was developed to simulate water quality variables in a two-dimensional, laterally averaged, reservoir.

2.9.5. Eutrophication Models

Nutrient enrichment in lakes and reservoirs has been a growing concern among the pollution control experts, biologists and environmentalists in general. However, it has been only recently that, in some countries, a combined effort has been set up to quantify the effects and to establish alternative control strategies in terms of nutrient balances in reservoirs.

The previously mentioned model of Vollenweider (1975) for the phosphorus is among the first eutrophication models of nutrient mass balances, which has a wide application. Taking the balance of phosphorus as the sum of external, effluent and sedimentation sources, as well as the reservoir residence time, Vollenweider proposed a relatively simple equation to evaluate the time evolution of the phosphorus concentration.

Jørgensen (1976) made an analysis of various approaches to the eutrophication problem and concluded that it is crucial that eutrophication models include, at least, three trophic levels, phytoplankton, zooplankton and fish. They should also allow the nutrient exchange between sediments and water. Such models may give a more accurate description of the system response to the seasonal variations of nutrient inputs.

A comprehensive review of the available models of this type was presented by Reckhow and Chappra (1999).

2.9.6. Les modèles spéciaux

Il existe un nombre relativement important de modèles spéciaux pour les réservoirs, ou de modèles utilisés à des fins particulières. Parmi eux figurent ceux qui simulent la qualité de l'eau dans un système de réservoirs, ou des modèles qui simulent la qualité de l'eau dans un système de réservoir de stockage par pompage. Ce dernier peut être utilisé pour définir les règles de pompage qui peuvent être utilisées pour améliorer la qualité de l'eau du réservoir (Chen et Orlob, 1972). Un modèle de ce type a été utilisé pour le réservoir Alqueva récemment construit au Portugal (Diogo et Rodrigues, 1997).

Certains autres modèles spéciaux se rapportent à la sédimentation ou même à la prévision des conséquences des glissements de terrain dans le réservoir. HEC-6, développé par l'U.S. Army Corps of Engineers (HEC, 1991) est l'un des modèles qui permettent la simulation de dépôt de sédiments dans les réservoirs (affouillement et dépôts dans les rivières et réservoirs). Ce modèle a été développé pour prévoir le comportement hydro-morphologique à long terme des systèmes fluviaux et ne suffit pas à évaluer les réponses à court terme à certains événements, comme les crues.

2.10. OBSERVATIONS FINALES

Il semble évident que « l'état de l'art » en modélisation mathématique de la qualité de l'eau des lacs et réservoirs est assez bien représenté par certains modèles de simulation, qui vont des modèles unidimensionnels de température et de qualité de l'eau des systèmes stratifiés aux modèles pluridimensionnels actionnés par le vent et écologiques pour les grands plans d'eau.

Les modèles de la qualité de l'eau peuvent être extrêmement utiles au cours de la phase de planification d'un barrage, pour prévoir certaines mesures qui contribueront à minimiser les impacts négatifs ou même à promouvoir certains avantages potentiels pour le réservoir et le cours d'eau en aval. Ces modèles peuvent également jouer un rôle important dans le cadre des outils de gestion utilisés pour l'exploitation du réservoir, notamment et ont le potentiel pour prévoir la réponse de la qualité de l'eau à différents scénarios de contraintes ou de travaux de réhabilitation.

En règle générale, le calibrage et la validation du modèle ne sont pas une science exacte. C'est pourquoi il est crucial que les données les plus appropriées soient recueillies pour obtenir une bonne prévision de la qualité de l'eau.

2.11. REFERENCES

BACA, R. G.; ARNETT, R. C. (1976) - *A Finite Element Water Quality Model for Eutrophic Lakes.* Proc. Intern. Conference in Finite Elements in Water Resources, Princeton University, Princeton, New Jersey, USA.

BAUMGARTNER, A.; REICHEL, E. (1975) - *The World Water Balance.* R. Oldenbourg Verlag, Munique, Germany.

BO-PING HAN, ARMENGOL J., GARCIA J. C., COMERMA M., ROURA M., DOLZ J., STRASKRABA M. (2000) *The thermal structure of Sau Reservoir (NE: Spain): a simulation approach.* Ecological Modelling 125, 109–122

CARDOSO DA SILVA, M. (2003) Tools for the management of estuaries. Environmental indicators. Ph.D. Thesis, New University of Lisbon.

CHAPPRA, S.C. (1996) – *Surface water-quality modelling.* McGraw-Hill Companies, Inc.

CHEN, C.W.; ORLOB, G. T. (1972) - *Ecologic Simulation for Aquatic Environments.* Final Report, Water Resources Engineers (WRE), Inc., Walnut Creek, California, USA.

CHEN, C. W.; ORLOB, G T. (1975) - *Ecologic Simulation for Aquatic Environments.* Chapter 12, Systems Analysis and Simulation in Ecology, Vol. III, Academic Press, Inc., New York, USA.

2.9.6. Special Models

There are a relatively large number of special models for reservoirs, or models used for particular purposes. Among them are those that simulate water quality in a system of reservoirs, or models that simulate water quality in a reservoir with back pumping in a pump-storage reservoir system. The latter may be used to define pumping rules that can be used to improve reservoir water quality (Chen and Orlob, 1972). One model of this type was used for the recently built Alqueva reservoir, in Portugal, (Diogo and Rodrigues, 1997).

Some other special models refer to sedimentation, or even to the forecast of the consequences of landslides into the reservoir. HEC-6, developed by the U. S. Army Corps of Engineers (HEC, 1991), is one of the models that allows the simulation of sediment deposition in reservoirs (Scour and Deposition in Rivers and Reservoirs). This model was developed to forecast the long-term hydro-morphological behaviour of fluvial systems and is not adequate to evaluate short-term responses due to certain events, like floods.

2.10. FINAL REMAKS

It seems to be evident that the "state-of-the-art" of water quality mathematical modelling in lakes and reservoirs is reasonably well represented by certain simulation models, which range from the one-dimensional temperature and water quality models in stratified systems, to the multi-dimensional, wind driven, and ecological models, for large water bodies.

Water quality models may be extremely useful during the planning phase of a dam, anticipating some measures that will contribute to minimise negative impacts or even to promote some potential benefits both in the reservoir and in the downstream river reach. These models may also play an important role as part of the management tools used for the reservoir operation, including the potential to forecast the water quality response to different pressure scenarios or remediation works.

In general, model calibration and validation is not a precise science. For this reason, it is crucial that the most appropriate data is collected in order to produce a good water quality forecast.

2.11. REFERENCES

BACA, R. G.; ARNETT, R. C. (1976) - *A Finite Element Water Quality Model for Eutrophic Lakes*. Proc. Intern. Conference in Finite Elements in Water Resources, Princeton University, Princeton, New Jersey, USA.

BAUMGARTNER, A.; REICHEL, E. (1975) - *The World Water Balance*. R. Oldenbourg Verlag, Munique, Germany.

BO-PING HAN, ARMENGOL J., GARCIA J. C., COMERMA M., ROURA M., DOLZ J., STRASKRABA M. (2000) *The thermal structure of Sau Reservoir (NE: Spain): a simulation approach*. Ecological Modelling 125, 109–122

CARDOSO DA SILVA, M. (2003) Tools for the management of estuaries. Environmental indicators. Ph.D. Thesis, New University of Lisbon.

CHAPPRA, S.C. (1996) – *Surface water-quality modelling*. McGraw-Hill Companies, Inc.

CHEN, C.W.; ORLOB, G. T. (1972) - *Ecologic Simulation for Aquatic Environments*. Final Report, Water Resources Engineers (WRE), Inc., Walnut Creek, California, USA.

CHEN, C. W.; ORLOB, G T. (1975) - *Ecologic Simulation for Aquatic Environments*. Chapter 12, Systems Analysis and Simulation in Ecology, Vol. III, Academic Press, Inc., New York, USA.

CHEN, ET AL. (1975) - *A Comprehensive Water Quality - Ecologic Model for Lake Ontario*. Rep. to Great Lakes Env. Res. Lab., Tetra Tech, Inc., USA.

CHENG, R.T.; ET AL. (1976) - *Numerical Models of Wind Driven Circulation in Lakes*. Applied Math. Modeling, Vol.1, pp. 141–159, USA.

COLE, T.M.; BUCHAK, E. M. (1995) - *CE-QUAL-W2: A Two-Dimensional, Laterally Averaged, Hydrodynamic and Water Quality Model*, Version 2.0, User Manual - Draft version, U.S. Army Engineer Waterways Experiment Station, Vicksburg, Miss., USA.

COLE, T., CERCO, C. F. (1993) - *Three-Dimensional Eutrophication Model of Chesapeake Bay*, in Journal of Environmental Engineering, Vol 119, No. 6 November/December.

DAVID P., HAMILTON, D. P., SCHLADOWL, S. G. (1997) *Prediction of water quality in lakes and reservoirs*. Part I – Model Description. Ecological Modelling 96, 91–110

DIOGO, P. A.; RODRIGUES, A. C. (1997) - "*Two-Dimensional Reservoir Water Quality Modeling Using CE-QUAL-W2*", IAWQ Conference on Reservoir - Management and Water Supply - an Integrated System, Prague, Check Republic.

DITORO, D.M., ET AL. (1975) - *Phytoplankton - Zooplankton - Nutrient Interaction Model for Western Lake Erie*. Chapter 11, Systems Analysis and Simulation in Ecology, Vol. III, B. C. Patten, Ed., Academic Press, USA.

DODDS, W.; JONES, J.R.; WELSH, E.B. (1998) – *Suggested classification of stream trophic state: Distributions of temperate stream types by chlorophyll, total nitrogen and phosphorus*. Water Research, 32, 5, pp. 1455–1462

EDINGER, J.E.; BUCHAK, E.M. (1975) - *A Hydrodynamic, Two-Dimensional Reservoir Model - The Computational Basis*. Rep. to U.S. Corps of Engineers, Ohio River Division, J.E. Edinger & Associates, Inc., USA.

GAL, G., IMBERGER, J., ZOHARY T., ANTENUCCI, J., ANIS A., ROSENBERG T., (2003) - *Simulating the thermal dynamics of Lake Kinneret*. Ecological Modelling 162, 69–863

HEC (1978) - *Water Quality for River-Reservoir Systems*. Computer program description, Hydrologic Engineering Center, U. S. Army Corps of Engineers, Davis, California, USA.

HEC (1991) - *HEC-6 Scour and Deposition in Rivers and Reservoirs*. Computer program description, Hydrologic Engineering Center, U. S. Army Corps of Engineers, Davis, California, USA.

HUBER, W. C., ET AL. (1972) - *Temperature Prediction in Stratified Reservoirs*. Journal of the Hydraulics Division, ASCE, Vol. 98, HY4, Paper 8839, pp. 645–666, April.

ICOLD (1998) - *World Register of Dams*. International Commission on Large Dams (ICOLD), Paris, France.

ICOLD (1997) – *Position Paper on Dams and Environment*, Paris, France

IMBERGER, J. AND HAMBLIN, P.F. (1982). *Dynamics of lakes, reservoirs and cooling ponds*. Ann. Rev. Fluid Mech. **14**, 153–187.

IMBERGER, J. ET AL. (1984) - *Reservoir Dynamics Modelling*. Prediction in Water Quality, E. M. O'Loughlin, and P. Cullen eds., 223–248, Australian Acad. of Sci., Canberra, Australia.

IMBERGER, J. AND PATTERSON, J.C. (1990) Physical Limnology. In *Advances in Applied Mechanics*, ed. Wu, T., Academic Press, Boston, **27**, 303–475.

JØRGENSEN, S. E. (1976) - *A Eutrophication Model for a Lake*. Ecological Modeling, Volume 2, No. 2, pp. 147–165, USA.

K.H. RECKHOW, S.C. CHAPRA (1999). *Modeling excessive nutrient loading in the environment*. Environmental Pollution 100, 197–207.

KING, I. P., NORTON, W. R., ET AL. (1975) - *A Finite Element Solution for Two-Dimensional Stratified Problems*. Finite Elements in Fluids, John Wiley, Ch. 7, pp. 133–156.

LAM, D. C. L.; SIMONS, T. J. (1976) - *Numerical Computations of Advective and Diffusive Transports of Chloride in Lake Erie*, 1970. J. Fish. Res., Bd. Canada, Vol. 33, pp. 537–549, Canada.

LEENDERTSE, J. (1967) - *Aspects of a Computational Model for Well-Mixed Estuaries and Coastal Seas*. R. M. 5294-PR, The Rand Corporation, Santa Monica, California, USA.

CHEN, ET AL. (1975) - *A Comprehensive Water Quality - Ecologic Model for Lake Ontario.* Rep. to Great Lakes Env. Res. Lab., Tetra Tech, Inc., USA.

CHENG, R.T.; ET AL. (1976) - *Numerical Models of Wind Driven Circulation in Lakes.* Applied Math. Modeling, Vol.1, pp. 141–159, USA.

COLE, T.M.; BUCHAK, E. M. (1995) - *CE-QUAL-W2: A Two-Dimensional, Laterally Averaged, Hydrodynamic and Water Quality Model*, Version 2.0, User Manual - Draft version, U.S. Army Engineer Waterways Experiment Station, Vicksburg, Miss., USA.

COLE, T., CERCO, C. F. (1993) - *Three-Dimensional Eutrophication Model of Chesapeake Bay*, in Journal of Environmental Engineering, Vol 119, No. 6 November/December.

DAVID P., HAMILTON, D. P., SCHLADOWL, S. G. (1997) *Prediction of water quality in lakes and reservoirs.* Part I – Model Description. Ecological Modelling 96, 91–110

DIOGO, P. A.; RODRIGUES, A. C. (1997) - *"Two-Dimensional Reservoir Water Quality Modeling Using CE-QUAL-W2"*, IAWQ Conference on Reservoir - Management and Water Supply - an Integrated System, Prague, Check Republic.

DITORO, D.M., ET AL. (1975) - *Phytoplankton - Zooplankton - Nutrient Interaction Model for Western Lake Erie.* Chapter 11, Systems Analysis and Simulation in Ecology, Vol. III, B. C. Patten, Ed., Academic Press, USA.

DODDS, W.; JONES, J.R.; WELSH, E.B. (1998) – *Suggested classification of stream trophic state: Distributions of temperate stream types by chlorophyll, total nitrogen and phosphorus.* Water Research, 32, 5, pp. 1455–1462

EDINGER, J.E.; BUCHAK, E.M. (1975) - *A Hydrodynamic, Two-Dimensional Reservoir Model - The Computational Basis.* Rep. to U.S. Corps of Engineers, Ohio River Division, J.E. Edinger & Associates, Inc., USA.

GAL, G., IMBERGER, J., ZOHARY T., ANTENUCCI, J., ANIS A., ROSENBERG T., (2003) - *Simulating the thermal dynamics of Lake Kinneret.* Ecological Modelling 162, 69–863

HEC (1978) - *Water Quality for River-Reservoir Systems.* Computer program description, Hydrologic Engineering Center, U. S. Army Corps of Engineers, Davis, California, USA.

HEC (1991) - *HEC-6 Scour and Deposition in Rivers and Reservoirs.* Computer program description, Hydrologic Engineering Center, U. S. Army Corps of Engineers, Davis, California, USA.

HUBER, W. C., ET AL. (1972) - *Temperature Prediction in Stratified Reservoirs.* Journal of the Hydraulics Division, ASCE, Vol. 98, HY4, Paper 8839, pp. 645–666, April.

ICOLD (1998) - *World Register of Dams.* International Commission on Large Dams (ICOLD), Paris, France.

ICOLD (1997) – *Position Paper on Dams and Environment*, Paris, France

IMBERGER, J. AND HAMBLIN, P.F. (1982). *Dynamics of lakes, reservoirs and cooling ponds.* Ann. Rev. Fluid Mech. 14, 153–187.

IMBERGER, J. ET AL. (1984) - *Reservoir Dynamics Modelling.* Prediction in Water Quality, E. M. O'Loughlin, and P. Cullen eds., 223–248, Australian Acad. of Sci., Canberra, Australia.

IMBERGER, J. AND PATTERSON, J.C. (1990) Physical Limnology. In *Advances in Applied Mechanics*, ed. Wu, T., Academic Press, Boston, 27, 303–475.

JØRGENSEN, S. E. (1976) - *A Eutrophication Model for a Lake.* Ecological Modeling, Volume 2, No. 2, pp. 147–165, USA.

K.H. RECKHOW, S.C. CHAPRA (1999). *Modeling excessive nutrient loading in the environment.* Environmental Pollution 100, 197–207.

KING, I. P., NORTON, W. R., ET AL. (1975) - *A Finite Element Solution for Two-Dimensional Stratified Problems.* Finite Elements in Fluids, John Wiley, Ch. 7, pp. 133–156.

LAM, D. C. L.; SIMONS, T. J. (1976) - *Numerical Computations of Advective and Diffusive Transports of Chloride in Lake Erie*, 1970. J. Fish. Res., Bd. Canada, Vol. 33, pp. 537–549, Canada.

LEENDERTSE, J. (1967) - *Aspects of a Computational Model for Well-Mixed Estuaries and Coastal Seas.* R. M. 5294-PR, The Rand Corporation, Santa Monica, California, USA.

Markofsky, M.; Harleman, R.F. (1973) - *Prediction of Water Quality in Stratified Reservoirs*. Proc. ASCE, Journal of the Hydraulics Division, Vol. 99, No. HY5, May, USA.

Martin, J.L. (1988) - *Application of Two-Dimensional Water Quality Model*, in Journal of Environmental Engineering, Vol. 114, n. 2, April.

Masch, F. D. et al. (1969) - *A Numerical Model for the Simulation of Tidal Hydrodynamics in Shallow Irregular Estuaries*. Tech. Rep. HYD 12–6901, Hydr. Eng. Lab., Univ. of Texas, Austin, USA.

Nixon, S.W. (1995) – *Coastal Marine Eutrophication: A definition, social causes and future concerns*. OPHELIA 41, pp 199–219.

Orlob, G. T. (1977) - *Mathematical Modeling of Surface Water Impoundments*. Volume I. Resource Management Associates, Lafayette, California, USA.

Orlob, G.T. (Ed.) (1983) - *Water Quality Modeling: Streams, Lakes and Reservoirs*. IIASA State of the Art Series, Wiley Interscience, London.

Patterson, D.J. et al. (1975) - *Water Pollution Investigations: Lower Green Bay and Lower Fox River*. Rep. to EPA, Contr. No. 68-01-1572, USA.

Petts, G.E. (1984) - *Impounded Rivers - Perspectives for Ecological Management*. John Wiley & Sons.

Rast, W. and G.F. Lee. (1978) - *Summary Analysis of the North American* (U.S. Portion) OECD Eutrophication Project: Nutrient Loading-Lake Response Relationships and Trophic State Indices. Ecological Research Series, EPA-600/3–78-008. U.S. Environmental Protection Agency, Environmental Research Laboratory, Corvallis, Oregon, U.S.A.

Rodrigues, A. C. (1992) – *Reservoir water quality mathematical modelling*, Ph.D. Thesis, New University of Lisbon, Faculty of Sciences and Technology, Lisbon, Portugal (in portuguese).

Ryding, S.-O. and W. Rast (Eds). (1989). *The Control of Eutrophication of Lakes and Reservoirs*. UNESCO, Paris, France.

Simons, T. J. (1973) - *Development of Three-Dimensional Numerical Models of the Great Lakes*. Scientific Series No. 12, Inland Waters Directorate, Canada Centre for Inland Waters, Burlington, Ontario, Canada.

Simons, T. J. et al. (1977) - *Application of a Numerical Model to Lake Vanern*. Swedish Meteorological and Oceanographic Inst., NrRH09, Suécia.

Snodgrass, W. J.; O'Melia, C.R. (1975) - *A Predictive Phosphorus Model for Lakes - Sensitivity Analysis and Applications*. Environmental Science and Technology, USA.

Tennessee Valley Authority (1972) - *Heat and Mass Transfer Between a Water Surface and the Atmosphere*. Engineering Lab Report, No. 14, April, USA.

Thoman, R.V.; Mueller, J. A. (1987) - *Principles of surface water quality modelling and control*. Harper & Row, Publishers, New York.

Thoman, R. V. et al. (1975) - *Mathematical Modeling of Phytoplankton in Lake Ontario*. National Environment Research Center, Office of Research and Development, EPA, Corvallis, Oregon, USA.

UNEP -IETC (no date) *Planning and Management of Lakes and Reservoirs: An Integrated Approach to Eutrophication*. Newsletter and Technical Publications of the IETC.

US-EPA: (2004) *Quality of Nation's Waters. Lakes and reservoirs*.

Vollenweider, R.A. (1975) - *Input-Output Models with Special Reference to the Phosphorus Loading Concept in Limnology*. Schweiz. Z. Hydrol., 37:53–83, Switzerland.

Vollenweider, R.A.; Rinaldi, A.; Viviani, R.; Todini, E. (1996) - *Assessment of the state of eutrophication in the Mediterranean Sea*. MEDPOL – FAO – UNEP. Athens.

Water Resources Engineers, W.R.E. (1968) - *Prediction of Thermal Energy Distribution in Streams and Reservoirs*. Report to California Dept. of Fish and Game, WRE, Walnut Creek, California, USA.

MARKOFSKY, M.; HARLEMAN, R.F. (1973) - *Prediction of Water Quality in Stratified Reservoirs.* Proc. ASCE, Journal of the Hydraulics Division, Vol. 99, No. HY5, May, USA.

MARTIN, J.L. (1988) - *Application of Two-Dimensional Water Quality Model,* in Journal of Environmental Engineering, Vol. 114, n. 2, April.

MASCH, F. D. ET AL. (1969) - *A Numerical Model for the Simulation of Tidal Hydrodynamics in Shallow Irregular Estuaries.* Tech. Rep. HYD 12–6901, Hydr. Eng. Lab., Univ. of Texas, Austin, USA.

NIXON, S.W. (1995) – *Coastal Marine Eutrophication: A definition, social causes and future concerns.* OPHELIA 41, pp 199–219.

ORLOB, G. T. (1977) - *Mathematical Modeling of Surface Water Impoundments.* Volume I. Resource Management Associates, Lafayette, California, USA.

ORLOB, G.T. (Ed.) (1983) - *Water Quality Modeling: Streams, Lakes and Reservoirs.* IIASA State of the Art Series, Wiley Interscience, London.

PATTERSON, D.J. ET AL. (1975) - *Water Pollution Investigations: Lower Green Bay and Lower Fox River.* Rep. to EPA, Contr. No. 68-01-1572, USA.

PETTS, G.E. (1984) - *Impounded Rivers - Perspectives for Ecological Management.* John Wiley & Sons.

RAST, W. AND G.F. LEE. (1978) - *Summary Analysis of the North American (U.S. Portion) OECD Eutrophication Project: Nutrient Loading-Lake Response Relationships and Trophic State Indices.* Ecological Research Series, EPA-600/3–78-008. U.S. Environmental Protection Agency, Environmental Research Laboratory, Corvallis, Oregon, U.S.A.

RODRIGUES, A. C. (1992) – *Reservoir water quality mathematical modelling,* Ph.D. Thesis, New University of Lisbon, Faculty of Sciences and Technology, Lisbon, Portugal (in portuguese).

RYDING, S.-O. AND W. RAST (Eds). (1989). *The Control of Eutrophication of Lakes and Reservoirs.* UNESCO, Paris, France.

SIMONS, T. J. (1973) - *Development of Three-Dimensional Numerical Models of the Great Lakes.* Scientific Series No. 12, Inland Waters Directorate, Canada Centre for Inland Waters, Burlington, Ontario, Canada.

SIMONS, T. J. ET AL. (1977) - *Application of a Numerical Model to Lake Vanern.* Swedish Meteorological and Oceanographic Inst., NrRH09, Suécia.

SNODGRASS, W. J.; O'MELIA, C.R. (1975) - *A Predictive Phosphorus Model for Lakes - Sensitivity Analysis and Applications.* Environmental Science and Technology, USA.

TENNESSEE VALLEY AUTHORITY (1972) - *Heat and Mass Transfer Between a Water Surface and the Atmosphere.* Engineering Lab Report, No. 14, April, USA.

THOMAN, R.V.; MUELLER, J. A. (1987) - *Principles of surface water quality modelling and control.* Harper & Row, Publishers, New York.

THOMAN, R. V. ET AL. (1975) - *Mathematical Modeling of Phytoplankton in Lake Ontario.* National Environment Research Center, Office of Research and Development, EPA, Corvallis, Oregon, USA.

UNEP -IETC (no date) *Planning and Management of Lakes and Reservoirs: An Integrated Approach to Eutrophication.* Newsletter and Technical Publications of the IETC.

US-EPA: (2004) *Quality of Nation's Waters. Lakes and reservoirs.*

VOLLENWEIDER, R.A. (1975) - *Input-Output Models with Special Reference to the Phosphorus Loading Concept in Limnology.* Schweiz. Z. Hydrol., 37:53–83, Switzerland.

VOLLENWEIDER, R.A.; RINALDI, A.; VIVIANI, R.; TODINI, E. (1996) - *Assessment of the state of eutrophication in the Mediterranean Sea.* MEDPOL – FAO – UNEP. Athens.

Water Resources Engineers, W.R.E. (1968) - *Prediction of Thermal Energy Distribution in Streams and Reservoirs.* Report to California Dept. of Fish and Game, WRE, Walnut Creek, California, USA.

3. GESTION DE L'IMPACT DES PROCESSUS HYDRAULIQUES

3.1. INTRODUCTION

3.1.1. La sursaturation des gaz

L'eau des rivières et des fleuves peut devenir sursaturée avec les gaz de l'atmosphère à la suite d'actions à la fois naturelles et artificielles qui provoquent l'entraînement de l'air dans le flux à de grandes profondeurs. La solubilité des gaz augmente avec la pression et par conséquent lorsque l'air s'introduit à une profondeur de plusieurs mètres sous la surface de l'eau, une plus grande quantité de gaz sera dissoute que celle à la pression atmosphérique. Cette condition où la quantité de gaz dissous dépasse la quantité maximale de gaz dissous à la pression atmosphérique, est appelée "sursaturation totale de gaz".

Si la condition de sursaturation requiert que l'air soit introduit dans l'eau à une pression élevée, elle n'est pas facilement inversée lorsque la masse d'eau sursaturée se déplace vers des eaux moins profondes ou à proximité des conditions atmosphériques. L'eau d'un cours d'eau peut rester sursaturée sur de nombreux kilomètres en aval de l'endroit où apparaît la condition de sursaturation.

Les conditions naturelles qui peuvent conduire à la sursaturation en gaz incluent des cascades de grande hauteur. Les masses d'air entraîné avec l'eau de la chute dans le bassin de réception contribuent à cette sursaturation. Les ouvrages hydrauliques peuvent également contribuer à la sursaturation en gaz. Les rejets des évacuateurs et les bassins de tranquillisation profonds fonctionnant avec des ressauts hydrauliques immergés sont une cause connue de la sursaturation qui a contribué à la mortalité des poissons.

Les poissons qui sont exposés à l'eau sursaturée accumulent les gaz dissous dans leur sang en respirant naturellement. Les symptômes d'embolie (due aux bulles de gaz) apparaissent lorsque les poissons nagent à des profondeurs où les gaz se dilatent dans leur flux sanguin et causent des ruptures qui sont souvent fatales. Le niveau de sursaturation pouvant être toléré par les poissons dépend de l'espèce et de l'environnement auquel ils sont exposés. Les poissons peuvent s'adapter à un certain niveau de sursaturation en migrant vers des eaux plus profondes si la rivière possède un lit profond. Si toutefois le lit en aval est relativement peu profond, seule une faible sursaturation peut être tolérée. Des études de cas et une discussion sur ces questions sont présentées dans la section 3.2.

3.1.2. Le contrôle des débris flottants

Les débris flottants revêtent de nombreuses formes, des radeaux de troncs transportés par le cours d'eau depuis le bassin versant dans le réservoir, aux tourbières flottantes et radeaux de roseaux générés à partir du réservoir. La gestion et le contrôle des débris flottants est un aspect important du fonctionnement du réservoir à cause de leur capacité à boucher les ouvrages de vidange et les évacuateurs de crues. Des études de cas sont présentées sur diverses formes de débris flottants et certaines des mesures prises pour les contrôler.

DOI: 10.1201/9781351033626-3

3.   MANAGEMENT OF THE IMPACT OF HYDRAULIC PROCESSES

3.1.   INTRODUCTION

3.1.1.   Gas Supersaturation

Water in streams and rivers can become supersaturated with the gasses that make up the atmosphere as a result of both natural and man-made actions that cause air to be entrained in the flow at great depths. The solubility of gas increases with pressure and thus when air is introduced at depths of several meters below the water surface, a higher amount of total gasses will be dissolved than at atmospheric pressure. This condition, when the amount of dissolved gas exceeds the maximum amount of dissolved gas at atmospheric pressure, is called "total gas supersaturation".

While the condition of supersaturation requires that air be introduced to water at an elevated pressure, the condition is not easily reversed when the supersaturated water mass moves to shallower depths or near atmospheric conditions. Water in a river may remain supersaturated for many kilometres downstream of the location where the supersaturation condition is generated.

Natural conditions that can result in gas supersaturation include deeply plunging waterfalls. Masses of air drawn into the plunge pool by the plunging jet of water contribute to the supersaturated condition. Hydraulic structures can also contribute to gas supersaturation. Deeply plunging spillway discharge and deep stilling basins operating with submerged hydraulic jumps have been known to cause supersaturation that contributed to fish mortality.

Fish that are exposed to the supersaturated water accumulate the dissolved gasses in their blood stream in their natural respiration process. Symptoms of the gas bubble disease occur when the fish swim at shallower depths where the gasses expand in their circulatory system and cause ruptures that are often fatal. The amount of supersaturation that can be tolerated by fish depends on the species and the environment to which they are exposed. Fish can adapt to some level of supersaturation by sounding down to deeper water if a deep channel exists in the river. If, however, the downstream river channel is relatively shallow, little supersaturation can be tolerated. Case studies and a discussion of the issues are given in Section 3.2.

3.1.2.   Control of Floating Debris

Floating debris comes in many forms, from rafts of timber transported into the reservoir from the catchment by the river system, to floating peat bogs and reed rafts generated from within the reservoir. The management and control of floating debris is an important aspect of reservoir operation through its ability to clog outlets and spillways. Case studies are presented of various forms of floating debris and some of the actions which have been taken to control them.

3.1.3. Le passage des poissons

La préservation des poissons des rivières et des lacs est une préoccupation reflétée dans la politique de développement durable adoptée par ICOLD. La prise de position d'ICOLD sur les barrages et l'environnement précise que : «... de plus en plus, nous reconnaissons aussi l'urgence de protéger et conserver notre environnement naturel... ». La préservation des poissons des rivières et des lacs ne peut être envisagée que d'un point de vue global, en tenant compte du cycle de vie des espèces concernées : reproduction, alimentation, mouvement et migration, et qui dans ce dernier cas, doit prendre en considération l'ensemble du système hydrographique, de la source à la mer. Il est donc préférable d'adopter une approche globale pour l'environnement aquatique et d'élaborer un plan piscicole pour l'ensemble du cours d'eau en question.

L'impact des barrages sur l'environnement, et en particulier sur la vie des poissons, a fait l'objet d'une discussion assez approfondie lors de plusieurs congrès et dans divers bulletins d'ICOLD, notamment le Bulletin 116, Dams and Fishes. Ce numéro fournit en effet des informations plus détaillées sur la vie des poissons et dresse un aperçu de l'expérience et des connaissances actuelles des concepteurs et exploitants de barrages. Toutefois, étant donné la diversité et la gamme des conditions environnementales, climatiques et hydrologiques, le Bulletin 116 ne prétend pas être un traité exhaustif sur le sujet. Il ne fournit qu'une introduction aux ingénieurs et aux propriétaires de barrages pour leur permettre de comprendre la portée des études et enquêtes nécessaires avant la mise en œuvre réussie d'un programme de gestion des poissons. Trois domaines sont ainsi examinés:

- Le réservoir : les conditions nécessaires aux poissons, notamment l'alimentation et la reproduction'

- Le barrage : les techniques de passage des poissons

- Le cours d'eau en aval du barrage : les conditions d'écoulement requises pour maintenir la vie des poissons.

Certaines des techniques décrites dans le Bulletin sont relativement récentes et les approches décrites doivent être considérées comme une première étape à affiner au fur et à mesure que se développe la recherche sur la question.

Le maintien et le développement des poissons est l'un des aspects les plus importants dont il faudra tenir compte en développant des projets de barrage. Le Bulletin note que l'objectif du concepteur d'un barrage doit être triple :

- Conserver la diversité des espèces vivantes

- Permettre aux communautés riveraines de pêcher du poisson pour se nourrir

- Prévoir le développement d'activités récréatives aquatiques

Le Bulletin note également que ces objectifs doivent être adaptés à la taille du barrage, au contexte environnemental et social existant et aux règlements en vigueur dans le pays concerné.

3.1.4. Les stratégies d'exploitation des réservoirs

La Section 3.4. décrit une série de mesures qui peuvent être utilisées pour gérer la qualité de l'eau des réservoirs. Ces mesures vont de divers moyens de mise en œuvre de la déstratification artificielle et du mélange des eaux des réservoirs aux méthodes de gestion structurelle de la qualité de l'eau comme le soutirage sélectif à travers différentes formes d'ouvrages. Le document va plus loin et discute les options de suivi et de représentation des données en temps réel avec la perspective d'intégrer davantage la collecte de données et la modélisation pour permettre des prévisions en temps réel du comportement du réservoir et de sa réaction aux stratégies de gestion à élaborer.

3.1.3. Fish Passage

The conservation of fishlife in rivers is a concern which is reflected in the policy of sustainable development adopted by ICOLD. The ICOLD Position Paper on Dams and the Environment specifes that: "...more and more we also recognise an urgent need to protect and conserve our natural environment as the endangered basis of all life...". The conservation of fishlife in rivers and lakes can only be considered from a holistic point of view, taking into account the entire life cycle of the species concerned: reproduction, feeding, movement and migration, which in the latter case has to consider the whole river system from the source to the sea. It is thus preferable to adopt a comprehensive approach to the aquatic environment and develop a piscicultural plan for the entire river in question.

The impact of dams on the environment, and in particular on fishlife, has been discussed in some detail at several ICOLD Congresses and in various Bulletins of ICOLD, particularly Bulletin 116, Dams and Fishes. This latter Bulletin provides more detailed information on fishlife and draws up an outline of the existing knowledge and experience of dam constructors and operators. However, given the diversity and range of environmental, climatic and hydrological conditions, it was not intended to be an exhaustive treatise on the subject. The Bulletin provides more of an introduction to engineers and dam owners so that they can understand the scope of the studies and investigations necessary before a successful fish management programme can be implemented. Three areas are examined:

- The reservoir: the conditions necessary for fishlife, including food and reproduction'

- The dam: fish passage techniques

- The river downstream of the dam: flow conditions required to maintain fishlife.

Certain of the techniques described in the Bulletin are relatively recent and the approaches described should be regarded as a first step, to be further refined as research into the particular application develops.

The maintenance and development of fish life is one of the important aspects to be considered in developing dam projects. The Bulletin notes that the objectives of the dam developer should be threefold;

- Conserve the diversity of living species

- Enable riverside communities to fish for food

- Provide for the development of water based recreational activities

The Bulletin goes on to note that these objectives must be adapted to the size of the dam, the particular environmental and social situations that exist and the regulations in force in the country concerned.

3.1.4. Reservoir Operating Strategies

Section 3.4. outlines a range of measures that can be used to manage water quality in reservoirs. These range from various means to implement artificial destratification and mixing in reservoirs, to structural methods of managing water quality such as selective withdrawal through various forms of offtake works. The paper proceeds further to discuss the options for monitoring and representation of real time data with the prospects to further integrate the data gathering and modelling to enable real time forecasts of reservoir behaviour and its response to management strategies to be made.

3.2. REDUCTION DES EAUX SURSATUREES DE GAZ

3.2.1. Etudes de cas

(a) L'Ouest des Etats-Unis

L'exploitation de déversoirs de plusieurs barrages du nord-ouest du Pacifique a contribué à la mortalité des poissons due aux embolies gazeuses dans les années 1970. La plupart des problèmes étaient liés à l'exploitation de déversoirs avec ressauts hydrauliques et dissipateurs d'énergie. Dans ces cas, les élévations du bassin de dissipation ont été choisies pour donner une profondeur suffisante à l'eau d'aval pour contenir le ressaut hydraulique lors de la crue maximale de projet. Etant donné que la courbe de profondeur conjuguée est généralement plus raide que la courbe de l'eau d'aval, le ressaut hydraulique est noyé pour tous les rejets évacués inférieurs à la crue de projet. Les niveaux de saturation sont généralement plus élevés lorsque le ratio profondeur de l'eau aval/profondeur conjuguée (d_2) augmente.

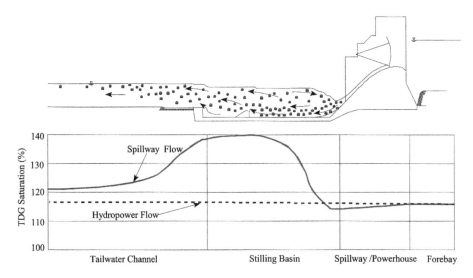

Figure 3.1.
Echange des gaz dissous des rejets d'évacuateur et des lâchers liés à la production d'énergie hydroélectrique

Spillway flow	Débit de l'évacuateur
Hydropower Flow	Débit de l'usine hydroélectrique
Tailwater Channel	Chenal de restitution
Stilling Basin	Bassin de réception
Spillway/Powerhouse	Evacuateur de crues/usine
Forebay	Entonnement

La mesure de la saturation dans le fleuve Columbia et la rivière Snake qui avait commencé en 1968 a détecté une sursaturation de plus de 130%. Les concentrations les plus élevées se sont produites pendant les années de débit élevé lorsque de plus grands volumes d'eau sont passés par-dessus des déversoirs. Des fluctuations importantes des opérations de l'évacuateur de crues ayant entraîné des baisses significatives de la profondeur suite à des conditions de sursaturation ont fait perdre aux poissons la capacité de trouver des profondeurs susceptibles de les protéger, augmentant ainsi leur mortalité.

3.2. REDUCTION OF GAS SUPERSATURATED WATER

3.2.1. Case History

(a) Western United States

Spillway operation at several dams on the Pacific Northwest contributed to gas bubble disease related fish mortality in the 1970's. The majority of problems were related to the operation of spillways with hydraulic jump energy dissipaters. In these cases, the stilling basin elevations were selected to provide sufficient tail water depth to contain the hydraulic jump during the maximum design flood. Since the conjugate depth curve is typically steeper than the tail water curve, the hydraulic jump is drowned for all spillway discharges lower than the design flood. Higher saturation rates generally occur when the ratio of tail water depth to the conjugate depth (d_2) increases.

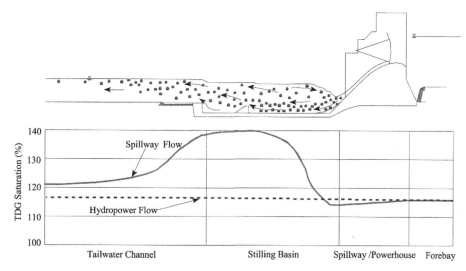

Figure 3.1.
Total Dissolved Gas Exchange in Spillway and Hydropower Releases

Measurement of saturation in the Columbia and Snake Rivers that commenced in 1968 detected supersaturation of more than 130%. The highest concentrations occurred during high flow years when the greatest volumes of water were passed over the spillways. Large fluctuations in spillway operations which caused significant decreases in depth following supersaturation conditions caused fish to lose the ability to sound down to depths that would protect them, thus increasing fish mortality.

Des expériences de laboratoire ont été effectuées pour déterminer la tolérance des salmonidés adultes et juvéniles au niveau de sursaturation. Des études ont montré que lorsque les adultes et les jeunes ont été confinés dans des eaux peu profondes (1 mètre ou moins), une mortalité importante a eu lieu à 115% de saturation de gaz dissous total. Lorsque les salmonidés ont pu trouver des eaux profondes pour obtenir une compensation hydrostatique plus élevée, aucune mortalité importante n'a été rapportée avant que la saturation n'atteigne 120%.

(b) Etude de cas en Australie – Le réseau électrique du Pieman inférieur

Le réseau électrique du Pieman inférieur près de la côte ouest de la Tasmanie (Australie) a été construit entre 1973 et 1986. Deux tunnels courts d'alimentation acheminent l'eau du réservoir aux deux turbines de 119MW de la centrale Reece. En aval de la centrale, le fleuve Pieman s'écoule encore sur 30 km jusqu'à la mer.

En 1989, un certain nombre de truites mortes ont été signalées à Corinna, à 15 km en aval de la centrale électrique. L'enquête immédiate de la Commission des pêches intérieures a déterminé que les truites étaient mortes d'embolie gazeuse, tandis que les espèces indigènes ont été pour la plupart épargnées. Les bulles de gaz étaient dues à l'eau sursaturée sortant du canal de fuite de la centrale électrique.

Chaque turbine de la centrale est équipée d'un système d'admission ou d'injection de l'air en dessous de la glissière et de lutte contre les ratés de la turbine au démarrage et à certains niveaux de puissance. C'est l'utilisation de ces systèmes qui a provoqué la sursaturation de l'eau et la disparition des poissons. Le degré de sursaturation a été accentué par l'aération de l'eau à partir du réservoir. Cette aération a été causée par le niveau exceptionnellement bas du réservoir (pour des raisons de maintenance) et par le passage de l'eau à travers une accumulation de grumes et de débris aux entrées du tunnel.

A titre de mesure temporaire pour protéger les poissons, les systèmes d'admission et d'injection d'air ont été débranchés. Cette action, bien que nécessaire, a eu un impact négatif sur le fonctionnement de la centrale. La centrale est très adaptée au contrôle de la fréquence du réseau électrique tasmanien, étant donné sa capacité relativement importante et son temps de réaction rapide aux changements de la demande. Le fonctionnement de la station en mode de contrôle de fréquence implique une fluctuation de la production de la centrale avec une forte probabilité de périodes prolongées nécessitant soit une injection d'air, soit une admission d'air. Si son rôle dans le contrôle de la fréquence s'était poursuivi sans air, les machines auraient été soumises à de fortes vibrations et à une usure et détérioration supplémentaires.

Des études ont donc été commanditées pour déterminer à la fois les conditions dans lesquelles se produit la sursaturation de l'eau et la tolérance des poissons à différents niveaux de sursaturation. Ces études sont décrites ci-après.

Des recherches sur la saturation des gaz ont été menées sur le site. La centrale a été exploitée dans diverses conditions et les niveaux de saturation de gaz ont été mesurés dans le canal de fuite avec un tensiomètre (pour mesurer la saturation totale de gaz) et un compteur d'oxygène dissous. Les relevés ont confirmé que la sursaturation ne se produisait que lorsque le dispositif d'admission/injection d'air était utilisé. L'admission d'air passive augmentait la saturation totale de gaz à environ 110% et l'injection d'air forcée augmentait la saturation totale de gaz à environ 120%. L'eau était généralement moins saturée avec l'oxygène dissous qu'avec l'azote dissous, ce qui indique probablement que la concentration en oxygène dissous dans l'eau sortant du réservoir était faible.

Des tests d'exposition menés sur les poissons sur le site ont été principalement conçus pour établir si une exposition relativement courte à la gamme de conditions sursaturées produites par l'exploitation de la centrale était nocive pour les poissons. Les truites arc en ciel ont été maintenues dans une cuve en circuit fermé alimentée par de l'eau pompée dans le canal de fuite. Les poissons retenus dans un réservoir identique alimenté en eau à partir du côté aspiration de la centrale électrique ont été utilisés comme contrôle. La saturation totale de gaz, l'oxygène dissous et la température ont été mesurés dans les deux réservoirs.

Laboratory experiments were conducted to determine the tolerance of both adult and juvenile salmonoids to the level of supersaturation. Studies showed that when both adults and juveniles were confined to shallow water (1 meter or less), substantial mortality occurred at 115% saturation of total dissolved gas. When salmonoids were allowed to sound to deeper water to obtain higher hydrostatic compensation, significant mortality did not occur until saturation reached 120%.

(b)   Case History in Australia - Lower Pieman Power Scheme

The Lower Pieman Power Scheme near the West Coast of Tasmania, Australia was built in the period 1973 to 1986. Two short power tunnels convey water from the storage to two 119MW turbines in the Reece power station. Below the power station the Pieman River flows a further 30km to the sea.

In 1989 a number of dead trouts were reported at Corinna, 15km downstream of the power station. Immediate investigations by the Inland Fisheries Commission determined that the trout died from gas-bubble disease, while native species were largely unaffected. The source of the gas bubbles was traced to supersaturated water emerging from the power station tailrace.

Each turbine in the station is fitted with a system to admit or inject air below the runner, to combat rough running of the turbine during start-up and at certain power outputs. It was the use of these systems which caused supersaturation of the water and the demise of the fish. The degree of supersaturation was increased by the aeration of the water from the reservoir. This aeration was caused by the unusually low level of the reservoir (drawn down for maintenance reasons) and the passage of water through an accumulation of logs and debris at the tunnel intakes.

As a temporary measure to protect the fish, the air admission and injection systems were disconnected. This action, while necessary, had an adverse impact on station operation. The station is very suitable for frequency control of the Tasmanian electricity grid, as the station has a relatively large capacity and its response time to changes in demand is rapid. Operation of the station in frequency control mode involves a fluctuating station output with a high probability of extended periods requiring either air injection or air admission. If its role in frequency control were continued without air, the machines would be subjected to severe vibration and additional wear and tear.

Studies were therefore commissioned to determine both the conditions under which supersaturation of the water occurs, and the tolerance of the fish to various levels of supersaturation. These studies are outlined below.

Gas saturation investigations were conducted on site. The power station was run under a variety of conditions, and gas saturation levels were measured in the tailrace with a tensionometer (to measure total gas saturation) and a dissolved oxygen meter. The readings confirmed that supersaturation only occurred when the air admission/injection facility was used. Passive air admission increased total gas saturation to about 110% and forced air injection increased total gas saturation to about 120%. The water was generally less saturated with dissolved oxygen than dissolved nitrogen, probably indicating that the dissolved oxygen concentration in the water leaving the storage was low.

Fish exposure tests on site were primarily designed to establish whether relatively short-term exposures to the range of supersaturated conditions produced by the operation of the power station were harmful to fish. Rainbow trout were held in a flow-through tank fed with water pumped from the tailrace. Fish held in an identical tank fed with water from the intake side of the power station were used as a control. Measurements of total gas saturation, dissolved oxygen and temperature were made in both tanks.

La procédure de démarrage automatique met près de 17 minutes pour charger efficacement la machine, au cours desquelles l'air est admis de manière passive ou forcée dans le tube d'aspiration pendant environ 12 minutes. Comme le tensiomètre est lent à réagir aux changements de saturation, il est estimé que le niveau réel de saturation pourrait avoir atteint 120%, mais aucune mortalité ni signe de stress n'a été noté chez les poissons.

- Deux heures de fonctionnement dans la gamme requérant une admission d'air, produisant environ 110% de saturation, n'ont causé aucune mortalité ni signes de stress.

- Deux heures de fonctionnement dans la gamme requérant une injection d'air, produisant environ 120% de saturation, n'ont provoqué non plus aucune mortalité ni signes de stress.

- Six heures de mode de contrôle de fréquence, au cours desquelles la machine était principalement dans la gamme requérant une injection d'air, n'ont provoqué aucune mortalité. Toutefois, certains signes montraient que les poissons montraient des signes de stress, une perte d'équilibre et un comportement erratique par exemple.

Des essais d'exposition avec les poissons ont été menés à Salmon Ponds Hatchery. Là encore, deux bassins identiques ont été installés, un bassin expérimental où le degré de sursaturation de l'afflux d'eau pouvait varier et un bassin de contrôle alimenté par la même source d'eau.

- Lorsque les poissons ont été exposés à un niveau de saturation de 120%, la mortalité a démarré au bout de six heures et 91% des poissons sont morts au bout de 24 heures.

- Lorsque les poissons ont été exposés à un niveau de saturation de 115% pendant 48 heures, la mortalité a démarré au bout de 30 heures et le taux de mortalité final a été de 12% et de 24% dans deux essais.

- Enfin, les poissons ont été soumis à un cycle de six heures de saturation de 120% suivi par six heures à 100% de saturation, répété quatre fois sur une période de 48 heures. Aucun poisson n'est mort d'embolie gazeuse.

Il a été conclu que les poissons resteraient indemnes si :

- Le niveau de saturation était généralement inférieur à 110%, et

- Toute période de saturation de 120% était limitée à six heures et suivie par une période d'exposition à 100% de saturation pour équilibrer.

Ces conclusions étaient également conformes à des expériences à l'étranger selon lesquelles un niveau de saturation de 110% est tolérable dans les cours d'eau et les lacs naturels où la compensation de profondeur des effets de sursaturation est normalement possible pour les poissons.

Les résultats des essais ont fourni des possibilités considérables pour assouplir les restrictions imposées après la mort des poissons.

Dans des conditions normales, l'admission d'air passive fonctionne avec une sortie d'environ 15 à 75 MW pour chaque turbine. Dans cette gamme, l'injection d'air est nécessaire entre environ 40 et 70 MW. Il a été constaté sur deux machines de la centrale électrique que les seules fois au cours desquelles le niveau de saturation peut dépasser 110% sont lorsque les deux machines fonctionnent en contrôle de fréquence ou quand une machine est en contrôle de fréquence et l'autre éteinte. Par conséquent, à condition que la charge de la centrale dépasse la sortie d'une machine à son niveau de puissance le plus efficace (> 75 MW), l'autre machine peut être exploitée indéfiniment en contrôle de fréquence et fournir jusqu'à 100 MW de production pour répondre à la fluctuation de la demande.

La centrale est à nouveau en mesure de fonctionner en mode de contrôle de fréquence efficace. Il n'y a pas eu d'autres morts de poissons et la possibilité d'une récidive due aux embolies gazeuses est considérée comme improbable.

The auto-start procedure takes about 17 minutes to bring the machine up to efficient load, during which air is admitted passively or forcibly into the draft tube for about 12 minutes. As the tensionometer is slow to react to changes in saturation, it is estimated that the actual level of saturation may have reached 120%, but no mortality or signs of stress was noted in the fish.

- Two hours of operation in the range requiring air admission, producing about 110% saturation, caused no mortality or signs of stress.

- Two hours of operation in the range requiring air injection, producing about 120% saturation, also did not result in any mortality or signs of stress.

- Six hours of frequency control mode, during which the machine was predominantly in the range requiring air injection, produced no mortality. However there were some signs that the fish were becoming stressed, e.g. loss of balance and erratic swimming behaviour.

Fish exposure tests at were conducted at the Salmon Ponds Hatchery. Here again two identical tanks were set up, an experimental one in which the degree of supersaturation of the inflow could be varied, and a control tank fed from the same water source.

- When the trout were exposed to a saturation level of 120%, mortalities began after about six hours and 91% of the fish had died after 24 hours.

- When the fish were exposed to a saturation level of 115% for 48 hours, mortalities began after 30 hours and final mortalities were 12% and 24% in two tests.

- Finally the fish were subjected to a cycle of six hours at 120% saturation followed by six hours at 100% saturation, repeated four times over a 48-hour period. None of the fish died from gas bubble disease.

It was concluded that the fish would be unaffected if:

- the saturation level was generally below 110%, and

- any period of 120% saturation was limited to six hours and followed by a period of exposure to 100% saturation in which to equilibrate.

These conclusions were also consistent with overseas experience that 110% is a tolerable saturation level in natural streams and lakes, where depth compensation for the effects of supersaturation is normally possible for fish.

The results of the tests provided considerable scope for relaxing the restrictions imposed after the original fish kill.

Under normal conditions passive air admission operates between about 15 and 75MW output for each turbine. Within this range, air injection is required between about 40 and 70 MW. With two machines in the power station, it was realized that the only times during which the saturation level is likely to exceed 110% are when both machines are operating on frequency control, or when one machine is on frequency control and the other shut down. Therefore, provided that the station load exceeds the output of one machine at its most efficient load (>75MW), the other machine may be operated indefinitely on frequency control, furnishing up to 100MW of output to meet fluctuating demand.

The power station is once more able to operate as an efficient frequency control station. No further fish kills have occurred and the possibility of a recurrence due to gas bubble disease is considered unlikely.

(c) **Etude de cas en Australie - Développement énergétique de la rivière King**

Le projet d'aménagement énergétique de la rivière King a été réalisé dans la période 1983–1993 près de la côte ouest de la Tasmanie, en Australie. Ce projet comprend un grand réservoir couvrant 54km^2, une galerie d'amenée de 7 km de long et une centrale électrique avec une seule machine d'une puissance installée de 143MW. L'apport de la galerie est niveau relativement faible dans le réservoir, car elle a été creusée avec une pente montante à partir de son extrémité en amont pour des raisons économiques et environnementales.

Dès que la centrale a été mise en service, l'odeur fétide des gaz de sulfure d'hydrogène de l'eau du canal de fuite s'est immédiatement imposée. Même si la production de gaz de sulfure d'hydrogène était un phénomène temporaire causé par la végétation en putréfaction dans le réservoir nouvellement rempli, le gaz pouvait nuire à la santé. Etant plus lourd que l'air, le gaz pouvait en effet se concentrer dans la vallée confinée située immédiatement en aval de la centrale. Si la présence de sulfure d'hydrogène est d'abord plus qu'évidente par son odeur, cette impression s'atténue avec le temps et une vigilance accrue est essentielle pour éviter le risque de décès.

La surveillance de la qualité de l'eau a ensuite révélé que l'eau du canal de fuite était pauvre en oxygène dissous. La crainte était que des bouchons d'eau appauvrie en oxygène seraient déversés dans le port de Macquarie Harbour à 20 km en aval, où la pisciculture est un secteur important. Si les exploitations agricoles sont normalement situées à des kilomètres de l'embouchure du fleuve, des enclos à poissons en transit pourraient traverser la zone de danger.

Divers procédés visant à augmenter le niveau d'oxygène dans l'eau ont été envisagés. La solution retenue a utilisé le système d'injection d'air existant installé sur la turbine. Les pompes à jet requises injectent de l'air immédiatement en dessous de la roue de la turbine, pour lutter contre les conditions difficiles de démarrage et de sorties particulières de puissance. Le fonctionnement des pompes à jet n'a pas été sans coûts, les pompes absorbant environ 3MW de la sortie de la centrale.

L'injection d'air contribue également à réduire la libération d'H_2S en précipitant les sulfures comme FeS et à l'oxydation du H_2S en sulfate, ce qui est surtout non toxique pour le milieu aquatique.

L'injection d'air est maintenant utilisée sur une base saisonnière pour augmenter les concentrations d'oxygène dissous pendant les périodes de stratification des eaux du lac et est l'une des consignes d'exploitation de la centrale électrique. La surveillance continue de la qualité de l'eau évacuée par la centrale garantit l'utilisation en temps opportun du dispositif d'injection d'air.

(d) **Dispositif d'aération de Nam Theun 2**

En raison du manque d'oxygène dissous et de l'excès de méthane dissous dans le réservoir de la Nam Theun 2 (Laos), un ouvrage d'aération a été mis en œuvre pour le transfert d'eau à 375 m^3/s. Les dimensions du bassin sont de 205 x 50 m. L'efficacité de l'aération à travers l'analyse de la formation et de la répartition des bulles d'air a été testée. Une maquette d'essai, d'une échelle de 1/20, a été entreprise (voir figures 3.2 et 3.3). La Figure 3.4 montre le dispositif d'aération en fonctionnement pour la moitié du courant de décharge nominal.

(c)   *Case History in Australia - King River Power Development*

The King River Power Development was constructed in the period 1983–1993 near the West Coast of Tasmania, Australia. The scheme comprises a large storage covering 54km², a 7km long headrace tunnel and a single-machine power station with an installed capacity of 143MW. The tunnel intake is at a relatively low level in the reservoir because the tunnel was excavated at a rising grade from the upstream end for economic and environmental reasons.

As soon as the power station was commissioned, the foul smell of hydrogen sulphide gas from the tailrace water was immediately apparent. Although the production of hydrogen sulphide gas was a temporary phenomenon, caused by rotting vegetation in the newly filled reservoir, the gas was also a health hazard. Being heavier than air, the gas could concentrate in the confined valley immediately downstream of the station. While the presence of hydrogen sulphide is initially all too apparent from the smell, that sense becomes dulled by exposure and heightened awareness is essential to avoid the risk of a fatality.

Monitoring of the water quality then found that the tailrace water was low in dissolved oxygen. The concern was that slugs of oxygen-depleted water would be discharged into Macquarie Harbour 20 km downstream where fish farming is an important industry. While the farms are normally located kilometers away from the river mouth, fish pens in transit could pass through the danger zone.

Various methods of increasing the level of oxygen in the water were considered. The adopted solution made use of the existing air injection system installed on the turbine. When required jet pumps inject air immediately below the turbine runner, to combat rough-running conditions during start-up and at particular power outputs. Operation of the jet pumps was not without cost, as the pumps absorb about 3MW of the station output.

The injection of air also helps to reduce the release of H_2S by precipitating the sulphide as FeS and the oxidation of H_2S to sulphate, which is essentially non-toxic to the aquatic environment.

Air injection is now utilized on a seasonal basis to increase dissolved oxygen concentrations during periods of stratification in the lake and is one of the formal operating rules of the power station. Continuous monitoring of the water quality being discharged by the power station ensures the timely utilization of the air injection facility.

(d)   *Aeration weir in Nam Theun 2*

Due to lack of dissolved oxygen and excess dissolved methane in the reservoir of the Nam Theun 2 (Laos), an aeration structure was implemented for transfer of water of 375 m³/s. The dimensions of the basin were 205 x 50 m. The effectiveness of aeration through analysis of formation and repartition of air bubbles were tested. A model test at scale 1/20 was undertaken (See Figure 3.2 and 3.3). Figure 3.4 gives the aeration weir in operation for the half of the nominal discharge;

Figure 3.2.
Vue du dessus de la maquette d'essai à 150 m³/s à échelle 1/20 (Laboratoire d'hydraulique des constructions ; Université de Liège - Belgique)

Figure 3 3.
Vue des détails des courants sur la maquette d'essai du dispositif d'aération à 150 m³/s Laboratoire d'hydraulique des constructions ; Université de Liège – Belgique) et mise en œuvre sur place

Figure 3 4.
Vue sur place de l'aération en fonctionnement à 150 m³/s (EDF)

Figure 3.2.
Plan view of the model test 150 m³/s at the scale 1/20 (Hydraulic Laboratory of Constructions; University of Liège Belgium)

Figure 3 3.
View of the flows detail on the aeration weir model test for 150 m³/s Hydraulic Laboratory of Constructions; University of Liège Belgium) and on-site implementation

Figure 3.4.
On site view of the aeration in operations for 150 m³/s (EDF)

3.2.2. Solutions de modernisation des évacuateurs de crues avec des bassins de dissipation profonds

Le processus physique à l'origine de la sursaturation associé à un ressaut hydraulique immergé est lié à la forme de l'écoulement du ressaut submergé. La force de cisaillement à l'interface air-eau le long de la nappe supérieure de l'écoulement sur la crête du déversoir et la goulotte conjuguée à la rotation inversée du ressaut immergé provoque une aspiration d'air vers le bas du bassin de dissipation où la pression hydrostatique est élevée. Dans un ressaut libre, l'air n'est pas évacué en de telles grandes quantités vers des zones de pression hydrostatique élevée. Rediriger l'écoulement le long de la surface de sorte à éviter que l'air ne soit entraîné au fond du bassin de tranquillisation peut éviter la saturation causée par la condition de ressaut submergé.

Le Corps des ingénieurs de l'armée des Etats-Unis a conçu des déflecteurs d'écoulement pour 7 déversoirs avec des dissipateurs d'énergie pour bassins de dissipation qui ont contribué aux problèmes de sursaturation en utilisant des études de modèle hydraulique physique pour déterminer les dimensions. Les déflecteurs, également appelés "flip lips", ont pour objectif de diriger le flux pour des rejets plus faibles plus fréquents le long de la surface de l'eau. Les déflecteurs sont de géométrie simple avec un plancher horizontal et une face en aval verticale.

L'emplacement du déflecteur à la surface du déversoir et ses dimensions (longueur, hauteur) dépendent de la profondeur de l'écoulement sur le déversoir à l'emplacement de la rampe ainsi que de la variation du niveau d'eau d'aval sur la gamme des débits pour lesquels il est destiné à être efficace. Si les déflecteurs sont positionnés trop bas par rapport au niveau de l'eau d'aval, le flux pénétrera trop profondément dans le bassin et la sursaturation ne sera pas évitée. Si les déflecteurs sont trop élevés, le flux plongera dans le bassin avec le même effet. Si la longueur (et la hauteur) des déflecteurs est trop faible par rapport à l'épaisseur de l'écoulement de la goulotte, les déflecteurs ne tourneront pas efficacement l'écoulement. Si les déflecteurs sont trop grands, ils compromettent la dissipation d'énergie au cours de la crue de projet du déversoir. Les dimensions optimales sont mieux déterminées par des études sur modèles physiques.

Des déflecteurs ont été conçus pour des débits équivalents à l'inondation de 10 ans ou moins pour les déversoirs des barrages Bonneville, John Day, McNary, Ice Harbor, Lower Monumental, Little Goose et des barrages Lower Granite. Ces dispositifs ont été installés dans tous ces projets, à l'exception de John Day et Ice Harbor. Dans la conception des évacuateurs de crues ces déflecteurs sont installés sous la surface de l'eau et dimensionnés à l'aide d'un modèle physique pour dévier les écoulements le long de la surface de l'eau, et permettre au ressaut hydraulique de se former normalement pour la crue de projet.

Des déflecteurs similaires ont été conçus suivant des études sur modèle physique des déversoirs de Brazo Principal et Brazo Ana Cua du projet hydroélectrique de Yacyretá en Argentine. Les déflecteurs ont été installés et fonctionnent efficacement dans le déversoir Brazo Ana Cua. Parmi les autres considérations de conception figurent notamment un dispositif de décharge inférieur, des parois de séparation et des biefs de décharge avec des bassins plus élevés. Les mesures opérationnelles doivent éviter un changement brusque de débit du déversoir et un fonctionnement non uniforme des vannes pour assurer le meilleur compromis entre l'exploitation et l'entretien et les meilleures pratiques environnementales.

Des options combinant l'utilisation d'évacuateurs en marches d'escalier qui améliorent la dissipation de l'énergie, associés à des bassins de dissipation moins profonds permettent d'atténuer le problème.

3.2.2. Retrofit Solutions for Spillways with Deep Stilling Basins

The physical process that causes supersaturation associated with a submerged hydraulic jump is related to the form of the flow in the submerged jump. The shear force at the air water interface along the upper nappe of the flow over the spillway crest and chute combined with the reverse roller of the submerged jump causes air to be drawn to the bottom of the stilling basin where the hydrostatic pressure is high. In a free jump, air is not carried in such large quantities to areas of elevated hydrostatic pressure. Redirecting the flow along the surface so that air is not dragged to the bottom of the stilling basin can avert saturation caused by the submerged jump condition.

The US Army Corps of engineers designed flow deflectors for 7 spillways with stilling basin energy dissipaters that contributed to the supersaturation problems using physical hydraulic model studies to determine the dimensions. The purpose of the deflectors, also called „flip lips" is to direct flow for lower more frequent discharges along the water surface. The deflectors are of simple step geometry with a horizontal floor and vertical downstream face.

The location of the deflector on the spillway surface and the dimensions (length, height) are dependent on the depth of flow on the spillway at the location of the ramp and the variation of tail water level over the range of flows for which it is intended to be effective. If the deflectors are positioned too low with respect to the tail water level, the flow will penetrate too deeply in the basin and supersaturation will not be averted. If the deflectors are set too high, the flow will plunge into the basin with the same effect. If the length (and height) of the deflectors is too small in comparison to the thickness of the flow on the chute, the deflectors will not effectively turn the flow. If the deflectors are too large, they will compromise the energy dissipation during the Spillway design flood. The optimum dimensions are best determined by physical model studies.

Deflectors were designed for flows equivalent to the 10-year flood or less for spillways at the Bonneville, John Day, McNary, Ice Harbor, Lower Monumental, Little Goose and Lower Granite dams. These devices were installed at all of the above projects except John Day and Ice Harbor. The deflectors are installed below the water surface and proportioned using the physical model to deflect the flows in the design range along the water surfacesurface butthe Hydraulic jump to form normally for the Spillway Design Flood.

Similar deflectors have been designed following physical model studies of the Brazo Principal and Brazo Ana Cua spillways of the Yacyreta Hydroelectric Project in Argentina. The deflectors have been installed and perform effectively in the Brazo Ana Cua spillway. Other design considerations include lower unit discharge, divider walls and low discharge bays with higher basin elevations. Operational considerations include the avoidance of abrupt change in spillway flow and non-uniform gate operation to provide the balance of best operation and maintenance practice with best environmental practice.

Options combining the use of stepped spillways that improves energy dissipation allows for shallower stilling basins also have some potential for mitigating the problem.

3.3 CONTROLE DES DEBRIS FLOTTANTS

3.3.1. Type et origine des débris

Les cours d'eau ne transportent pas seulement de l'eau et des sédiments, mais aussi toutes sortes de débris, qui peuvent constituer à la fois un problème de fonctionnement et un problème de sécurité des barrages. A un certain nombre de reprises, des débris flottants ont bloqué les ouvertures des évacuateurs de crues et sensiblement réduit l'efficacité de la capacité d'évacuation au moment même où elle était indispensable. Les possibilités et les conséquences du blocage de l'évacuateur de crues par des débris flottants doivent donc être prises en considération. Dans certains cas, des mesures doivent être également prises pour arrêter, dévier, assurer le passage ou retirer les débris flottants.

Les précipitations, le type de terrain, la végétation, le traitement du réservoir et d'autres activités humaines autour des réservoirs et des rivières sont les facteurs qui régissent les quantités éventuelles de débris flottants. Lors des grandes crues, le flux des débris ainsi que la taille de chaque débris ont tendance à augmenter, ce qui peut avoir des répercussions sur les prises d'eau de refroidissement, les grilles de protection et même les grandes structures, comme les évacuateurs de crues. Les débris peuvent flotter à la surface de l'eau ou être entrainés à une certaine profondeur. Ils peuvent comprendre divers éléments et morceaux de végétation (herbes ou buissons, billes de bois submergées ou arbres entiers) et des produits manufacturés (bateaux, embarcadères et habitations). Les blocs de glace peuvent causer des problèmes similaires dans certaines rivières.

Le rôle des débris de petite taille dans le colmatage des prises ne peut cependant être ignoré. Un rapport en provenance de Chine (Pr Jun Guo, communication personnelle) met en évidence les problèmes rencontrés dans ce pays qui sont représentatifs de ceux rencontrés dans le monde entier. Le Pr Guo a indiqué des épisodes d'obstruction des prises de centrales hydroélectriques par des débris divers constitués de branches d'arbres, billes de bois, branchages ou herbes, tiges, paille et glace qui flottent vers les entrées des prises et s'accumulent sur les grilles de protection. L'accumulation de déchets peut atteindre plusieurs mètres d'épaisseur et provoquer la destruction des grilles dans les cas extrêmes. Des pertes de charge importantes ont été observées et, dans certains cas, les grilles sont endommagées. La perte de charge des prises d'eau des centrales électriques peut conduire à des pertes conséquentes de production d'énergie et entraîner des pertes économiques substantielles.

Les tourbières sont la source d'un autre type de débris flottants dans certains pays. De grands morceaux de tourbières peuvent en effet parfois se soulever pour former des îles flottantes couvrant plusieurs centaines de mètres carrés chacune, d'une épaisseur de quelques mètres. Les tourbières flottantes ont tendance à se détacher généralement soit lors de la fonte de la couverture de glace au printemps, soit quand l'eau se réchauffe en été, apparemment soulevées par l'expansion des bulles de gaz préalablement dissous dans l'eau plus fraîche.

Des radeaux flottants de roseaux, comme les joncs, d'autres plantes aquatiques et de matériaux comme les tourbières peuvent aussi se détacher et provoquer des problèmes au niveau de l'exploitation des ouvrages hydrauliques. Il y a de nombreux exemples à travers le monde, mais seuls quelques exemples caractéristiques seront cités dans le présent rapport.

3.3.   CONTROL OF FLOATING DEBRIS

3.3.1. Type and origin of debris

Rivers carry not only water and sediments but also various kinds of debris, which may constitute both an operational problem and a dam safety problem. On several occasions floating debris has blocked spillway openings and lead to significant reductions in effective discharge capacity at the very time that capacity was needed. The possibilities and consequences of spillway blockage with floating debris therefore need to be considered. In some cases, also action needs to be taken to stop, divert, pass or otherwise remove floating debris.

Precipitation, type of terrain, vegetation, reservoir treatment and other human activities around reservoirs and rivers are factors governing the potential amounts of floating debris. During major floods both the debris flux and the size of individual items of debris tend to increase which may affect cooling water intakes, trash racks and even large structures like spillways. The debris may be floating on the water surface or carried at some depth. It may comprise diverse bits and pieces of vegetation, such as grass, bushes, sunken logs or entire trees and manufactured items, such as boats, piers and houses. Ice runs may cause similar problems in some rivers.

However, the role of smaller debris in clogging intakes cannot be ignored. A report from China (Prof. Jun Guo, Personal communication) highlights problems experienced in that country that are typical of those that are experienced on worldwidede basis. Professor Guo reported that they have experienced clogging of hydro power plant intakes with debris comprising tree branches, logs, brush or grasses, stalks, straw and ice that floats towards the intakes and accumulates on the trash racks. The accumulation of trash can be several metres deep and cause the collapse of trash screens in extreme cases. Significant head losses have been shown to occur and, in some cases, the trash screens are damaged. The head loss in the intakes to power stations can lead to significant losses in energy generation resulting in substantial economic losses.

Mires are the source of another type of floating debris in some countries. On occasion large chunks of mires may lift to form floating islands covering several hundred square meters each and with a depth of a few meters. Floating mires tend to be released either when the ice cover is smelting in the spring or when the water is getting warmer in the summer, apparently lifted by expanding gas bubbles previously dissolved in the cooler water.

Floating rafts of reeds, such as bullrushes, other aquatic plants and materials such as peat bog can also break loose and cause problems with the operation of hydraulic structures. There are numerous examples around the world, but only a few specific examples will be referenced in this report.

Figure 3.5.
Radeaux flottants de roseaux à massette le long d'un rivage

La Figure 3.5. montre des radeaux flottants de roseaux à massette (Typha domingensis) provenant des rives, qui, associés aux plantes aquatiques hydrophytes (potamots) flottantes dans des eaux plus profondes, bloquent l'accès aux berges du lac Kununurra en Australie occidentale.

3.3.2. Etudes de cas

Des études de cas d'évacuateurs obstrués ou endommagés viennent des pays du Nord aux climats tempérés, mais il serait raisonnable de supposer que des problèmes similaires se produisent sous d'autres climats.

(a) La Norvège a subi une grande crue en 1789. Celle-ci a concerné un certain nombre des plus grandes rivières dans le sud-est du pays et son importance a été estimée à celle de la crue maximale de dimensionnement (PMF) prise en compte pour les grands ouvrages actuels. Les témoignages de l'époque indiquent que les cours d'eau habituellement claire charriaient une épaisse bouillie, des animaux morts, des habitations, du bois et des arbres flottant dans le courant. Le plus grand lac de Norvège, le 'Mjosa, était quasiment entièrement recouvert de buissons et d'arbres et l'eau était si sale que les poissons mouraient et devenaient non comestibles. En mai 1790, les eaux n'étaient pas encore redevenues claires. Les rivières et les cours d'eau avaient débordé sur les rives escarpées de la vallée et emporté les moulins et les ponts. Les gens ont pensé que c'était l'apocalypse.

(b) En novembre 1955, le barrage Alouette en Colombie britannique (Canada) avait été exposé à une crue qui avait provoqué la montée des eaux de 1,5 m au-dessus du déversoir fixe sans vannes d'un évacuateur en béton[1]. Un grand arbre est resté accroché sur le déversoir et a endommagé une dalle en béton du déversoir, probablement à cause de la modification des conditions de débit. Les infiltrations qui ont suivi ont soulevé un certain nombre de dalles ce qui a empêché le déversoir de fonctionner sur 25 m et a fortement érodé la fondation en argile. Les dégâts n'ont eu lieu que vers la fin de la crue, ce qui a évité une catastrophe. Le barrage Alouette est considéré comme un barrage à haut risque et les arbres et débris avaient été enlevés au préalable de la zone de la retenue. Les rives du réservoir sont toutefois escarpées et très boisées.

Figure 3.5.
Floating rafts of bulrushes along Shoreline

Figure 3.5. shows floating rafts of bulrushes (Typha domingensis) growing out from the shoreline, which together with floating pondweed in deeper water outside, combine to block access to the shoreline on Lake Kununurra in Western Australia.

3.3.2. Case histories

Case histories of clogged or damaged spillways come from northern countries with temperate climates, but it would be reasonable to assume that similar problems occur in other climates.

(a) Norway experienced a large flood in 1789. It covered several the bigger rivers in the south-eastern part of the country and is estimated to have been of a size with present-day spillway design floods (PMF) for major structures. Witness accounts from the time reported that normally clean rivers were 'thick as gruel and dead animals and houses, timber and trees floated in the current'. – Norway's biggest lake, the 'Mjosa, was almost entirely covered with bushes and trees and the water was so dirty that the fish died and became uneatable. In May 1790 the water had not yet cleared. Rivers and streams fell over the steep valley sides and brought mill houses and bridges along. - People thought it was Armageddon'.

(b) In November 1955 the Alouette dam in British Columbia, Canada was exposed to a flood, which caused the water to rise 1.5 m above the ungated fixed weir of a concrete spillway[1] A large tree got stuck on the weir and damaged a concrete weir panel, probably by the changed flow conditions. The resulting seepage lifted several panels and finally caused 25 m of the weir to fail and the underlying clay foundation to be severely scoured. The failure occurred towards the end of the flood, which prevented a catastrophe. The Alouette dam is considered a high-hazard dam and the reservoir area had previously been cleared of trees and debris. The reservoir banks are however steep and heavily forested.

Le même orage avait aussi provoqué l'obstruction, sur 5,2 m de large, des passes de l'évacuateur du barrage Jordan proche qui ont été obstruées par les débris flottants du réservoir qui avait été peu ou mal nettoyé. Les eaux ont déversé avec une lame d'eau de 0,6 m au-dessus du barrage, ce qui a entraîné un début d'érosion au pied du barrage. Le barrage Jordan est un barrage à contreforts Ambursen de 40 m de hauteur avec une digue attenante.

(c) En 1978, le barrage Palagnedra en Suisse avait subi une crue majeure, ce qui s'était traduit par la rupture d'un barrage en remblais attenant au barrage principal à voûtes en béton, en raison d'une submersion après l'obstruction par des débris flottants, surtout des troncs d'arbres, de toutes les ouvertures des treize passes d'évacuateur de crues mesurant chacune 5 m sur 3 m. La quantité de débris transportés pendant la crue était estimée à quelques 25.000 m^3.

Figure 3.6.
Débris dans le barrage Palagnedra (Suisse) suite à des crues sans précédent

(d) En octobre 1987, une partie du sud-est de la Norvège a été à nouveau frappée par une crue de période de retour estimée à environ 100 ans. Les rivières transportaient beaucoup de débris. Un blocage important des évacuateurs par des débris flottants s'est produit dans six barrages (Svendsen, 1987), dont la plupart étaient équipés de plusieurs évacuateurs à petites ouvertures. Dans l'un des barrages dotés d'un certain nombre d'ouvertures de 2 m de large, 20 hommes équipés de tronçonneuses, 2 pelleteuses, 2 engins d'exploitation forestière et 5 camions n'ont pas permis le nettoyage des évacuateurs. Dans un autre barrage, au tout début de la crue des débris flottants ont été amassés au sommet de la vanne segment partiellement ouverte avant l'ouverture totale de la vanne. Les débris se sont coincés entre la vanne et la passerelle qui la surplombe et n'ont pas pu être dégagés par les ouvriers munis de tronçonneuses.

The same storm also caused the 5.2m wide spillway openings of the nearby Jordan dam to become clogged with floating debris from the poorly cleared reservoir. The dam was overtopped by 0.6 m and this initiated erosion at the base of the dam. The Jordan dam is a 40m high Ambursen dam with an adjoining embankment.

(c) In 1978 the Palagnedra dam in Switzerland was exposed to a major flood, which caused an embankment dam adjoining the main concrete arch dam to fail due to overtopping after all the thirteen spillway openings measuring 5m by 3m had clogged up with floating debris, mostly logs. The amount of debris carried during the flood was estimated to some 25,000 m^3.

Figure 3.6.
Debris in Palagnedra Dam, Switzerland following record floods

(d) In October 1987 part of south-eastern Norway was hit again by a flood estimated to have a return period of around 100 years. The rivers carried a lot of debris. Significant blockage of spillways by floating debris occurred at six dams (Svendsen, 1987), most of which were equipped with several smaller spillway openings. At one of the dams with a number of 2m wide openings, 20 men equipped with chainsaws, 2 excavators, 2 forest harvest machines and 5 trucks could not keep the spillways clean. At another dam floating debris collected on top of the partially open radial gate in the early part of the flood before the gate was fully opened. The debris got wedged in between the gate and the walkway on top of it and could not be cleared away with manpower and chainsaws.

(e) L'exemple de la Figure 3.7 montre l'effet d'une importante crue sur la rivière Derwent dans l'Etat australien de Tasmanie qui a emporté un grand nombre de troncs ayant obstrué les ouvrages de dérivation de la rivière pendant la construction du barrage Catagunya. Le barrage Catagunya est un barrage poids en béton sur la rivière Derwent. Lorsque le barrage était en construction en 1960, une crue de période de retour 1/100 ans a eu lieu. A l'époque, l'ouvrage comprenait une série de plots à différentes hauteurs à travers la vallée, les écoulements normaux de la rivière étant dérivés par un batardeau en amont à travers quatre ouvertures de 5 m sur 3 m dans le barrage.

Le débit de pointe au Catagunya a largement dépassé la capacité de la dérivation provisoire et l'eau est passée par-dessus les plots inférieurs du barrage lui-même. Le batardeau en amont et le coffrage érigé pour les prochains bétonnages ont été endommagés.

L'amont du barrage de la vallée Derwent est fortement boisé et la crue a apporté avec elle une grande variété d'arbres, de troncs et de branches de toutes tailles. Les eucalyptus de Tasmanie sont assez denses et de nombreuses billes de bois flottent sur ou sous la surface. Une bonne partie de ces matériaux est passée par-dessus le barrage, mais quand les eaux se sont retirées, une grande quantité de bois était accumulée à travers les ouvertures de dérivation. Voir photographie ci-après.

A première vue, la capacité de dérivation avait été réduite d'environ 25%, mais un contrôle au niveau du bassin et du débit de la rivière a étonnamment montré que près de 70% du débit prévu dans les études de conception trouvait toujours son chemin à travers le labyrinthe de billes de bois. L'enlèvement du bois, bille par bille, a été une tâche lente et quelque peu dangereuse.

Figure 3.7.
Barrage Catagunya en Australie (avril 1960), accumulation de bûches et ouvertures de détournement après une crue majeure

(e) The example in Figure 3.7. shows the effect of a substantial flood in the Derwent River in Australia that carried with it a large number of logs which clogged the river diversion openings during the construction of Cataguna Dam. Catagunya Dam is a concrete gravity dam on the Derwent River in the Australian State of Tasmania. When the dam was under construction in 1960, a 1 in 100 AEP flood occurred. At that time the structure consisted of a series of alternate high and low blocks across the valley, with normal river flows diverted by an upstream cofferdam through four 5 m by 3 m openings in the dam.

The peak flow at Catagunya greatly exceeded the diversion capacity, and the excess water passed over the low blocks of the dam itself. The upstream cofferdam and the formwork erected for the next concrete pours on the dam were damaged.

Upstream of the dam the Derwent Valley is heavily timbered, and the flood brought with it a vast assortment of trees, logs and branches of all sizes. Tasmanian eucalypts are quite dense and many logs travel at or below the surface. Much of this material passed over the dam, but when the flood subsided, a great mass of timber had built up across the diversion openings. See photograph below.

At first sight it was thought that the diversion capacity had been reduced to about 25%, but a check on the pond level and river flow produced the surprising result that about 70% of the design flow was still finding its way through the maze of logs. Removal of the timber, log by log, was a slow and somewhat dangerous task.

Figure 3.7.
Catagunya Dam, Australia, April 1960, accumulation of logs at diversion openings after a major flood

(f) Des rapports en provenance de la Chine (Guo, 2003) indiquent que la centrale électrique Gezhouba, qui est située sur le fleuve Yantze 43 km en av xal du projet des Trois Gorges a souffert de perte de production d'énergie en raison de l'obstruction des grilles d'entrée. La perte d'énergie due à cette obstruction entre 1982 et 1984 a été de 79,1 GWhr par an. L'obstruction a suffi à empêcher certaines unités de fonctionner. L'obstruction des entrées par des débris provoquant des pertes de charge allant jusqu'à 6,2 m, a été signalée pendant le début de la mise en service de la centrale hydroélectrique Yantan, située sur le fleuve Hogshuihe dans le sud-ouest de la Chine.

(g) Dans l'état australien de New South Wales, une tempête en août 1998 a provoqué des dégâts dans des marais de tourbière de Wingecarribee conduisant à ce que près de 6×10^{-6} m^3 de tourbe et de matériaux sédimentaires se sont déposés dans le réservoir Wingecarribee, qui était doté d'une capacité de stockage de $34,5 \times 10^{-6}$ m^3. La tourbe emportée dans le réservoir par la rivière sous forme de paquets flottants de plusieurs mètres d'épaisseur et de taille variable allant de touffes individuelles à des surfaces de plusieurs hectares. L'augmentation de la turbidité du plan d'eau a entraîné l'arrêt de l'approvisionnement en eau brute de l'usine de traitement. Toutefois, la tourbe flottante menaçait réellement la sécurité du barrage car elle pouvait bloquer l'étroit et unique évacuateur vanné. Une barrière de protection en treillis métallique de 1,2 km de long a été installée à travers le réservoir pour retenir la tourbe.

3.3.3. Transport fluvial des débris

Même s'il est tentant d'essayer de décrire le transport des débris avec des formules développées pour le transport des sédiments, le mécanisme d'amorce du mouvement est tout à fait différent, les billes de bois se retrouvant dans le courant alimentés par un glissement des berges plutôt que par une érosion directe. De plus, les débris sont généralement transportés au milieu de l'écoulement de l'eau plutôt que le long du lit ou du plan d'eau. Bien que la vitesse en surface soit en général légèrement supérieure à celle de la vitesse moyenne du courant, la vitesse de transport des débris mesurée sur des distances importantes peut ne correspondre qu'à une fraction de la vitesse moyenne du courant.

Les arbres déracinés flottants ont tendance à s'aligner avec le courant, avec à l'avant les plus grosses souches et la cime des arbres. Cependant, tous les arbres ne flottent pas ainsi. Il est aussi arrivé que les arbres munis de grosses souches soient charriés debout.

En général, le transport de débris individuels est soumis à des phénomènes aléatoires importants. Certains débris peuvent s'échouer temporairement dans une courbe ou devant un autre obstacle, tandis que d'autres débris peuvent franchir ces obstacles. Cependant, si quelques débris sont coincés quelque part, il y a une forte probabilité que d'autres débris se coincent au même endroit. Lorsqu'une quantité importante de débris est rassemblée, elle bloquera l'écoulement et deviendra éventuellement, instable de sorte qu'une masse de débris se détachera. Lorsque des débris flottants sont charriés sur de longues distances, ils ont par conséquent tendance à s'enchevêtrer dans des amas ou des radeaux, surtout quand le cours d'eau contient beaucoup de débris.

3.3.4. Transport de débris dans les ouvrages de régulation des débits

Le comportement des matériaux flottants à proximité des ouvrages de régulation des écoulements comme les évacuateurs a souvent fait l'objet d'essais de modélisation hydraulique au fil des ans. La plupart des études antérieures concernaient les billes de bois à travers des prises spécialement conçues pour n'extraire que les eaux de surface et pour aligner les billots afin d'éviter l'obstruction. Le problème est similaire à celui du colmatage des tabliers de pont où une série d'informations peut être tirée, de l'étude type de Schmocker et Hager (2011). Des études plus récentes de modélisation hydraulique ont également été réalisées pour examiner la capacité des évacuateurs à évacuer des débris flottants.

(f) Reports from China (Guo, 2003) indicate that the Gezhouba Power Plant, that is located on the Yantze River 43 km downstream from the Three Gorges Project has suffered from loss of energy production due to clogging of the intake screens. The energy loss due to clogging of the intake screens in the period 1982 to 1984 was 79.1 GWhr per annum. The clogging was sufficient to stop some units from running. The clogging of intakes with debris causing head losses of up to 6.2m was reported during the initial operations at the Yantan Hydropower Plant, located on the Hogshuihe River in south west China.

(g) In the Australian state of New South Wales, the structural failure of the Wingecarribee Swamp peat bog in a storm event early August 1998 resulted in almost 6000 ML of peat and sedimentary material being deposited in Wingecarribee Reservoir, which previously had a storage capacity of 34500 ML. The peat flowed into the reservoir as floating blocks several metres thick and ranging in size from individual tussocks to clumps of several hectares. Increases in turbidity in the water body forced the cessation of raw water supply to the treatment plant. However, the floating peat posed a significant threat to the security of the dam, having the potential to block the narrow single gated spillway. In order to contain the peat a 1.2km long steel mesh barrier was built across the reservoir to contain the peat.

3.3.3. River transport of debris

While it might be tempting to try and describe debris transport with formulae developed for sediment transport, the mechanism of initiation of motion is quite different as logs are often delivered into the stream by slides in the banks rather than direct erosion. Moreover, debris tends to be transported midstream at the water surface rather than along the bed or throughout the whole body of water. Although the surface velocity is usually slightly higher than the mean stream velocity, the debris transport velocity measured over substantial distances may be only a fraction of the mean stream velocity.

Floating uprooted trees tend to align themselves with the stream with the larger of the root wad and the canopy at the prow. However, not all trees float like that. Trees with heavy root wads have also been known to be transported standing up.

Generally, the transport of individual debris pieces is subject to a significant random element. Some debris may get temporarily stranded at a bend or other obstruction, while other debris may pass the same point. However, with some debris stuck there is an increased probability for more debris to get stuck at the same point. When a significant amount of debris has gathered, it will obstruct the flow and eventually may become unstable so that a slug of debris is released. Where floating debris is transported over longer distances there is accordingly a tendency for it to be transported entangled in slugs or rafts, especially when there is much debris in the river.

3.3.4. Debris transport through flow control structu

The behaviour of floating material approaching flow control structures such as spillways has been the subject for hydraulic model testing on many occasions over the years. Most of the earlier studies dealt with logs floating through specially designed log outlets designed to extract only surface water and to line up the logs to avoid blockage. The problem is similar to that of clogging of bridge decks where there is a body of information to be drawn on, a typical study is that of Schmocker and Hager (2011). More recent hydraulic model studies have also been made to investigate the ability of common types of spillways to discharge floating debris.

En Scandinavie, des essais de modélisation hydraulique (Godtland et Tesaker, 1994 : Johansson et Cederstrom, 1995) ont été effectués avec des arbres individuels, des couples d'arbres charriés ensemble et de plus grandes masses d'arbres. Les essais concernaient le passage de débris sur les évacuateurs avec et sans vannes et les possibilités d'arrêter les masses d'arbres à l'aide de drômes.

Les modèles ont utilisé de jeunes plants d'épinette (*Picea Abies*) d'environ 0,3 m de longueur avec des systèmes radiculaires d'un diamètre inférieur à 0,05 m, pour simuler les arbres adultes de 25–30m de long caractéristiques des arbres de Scandinavie. Il a été noté que les arbres du modèle étaient proportionnellement plus rigides et plus solides que les arbres prototypes, surtout au niveau des extrémités supérieures et les arbres modèles pouvaient donc plus facilement se coincer dans les évacuateurs. Il a donc été proposé que la racine, mais aussi la partie supérieure des arbres prototypes dont le diamètre du tronc est inférieur à 0,05 m soient écartées pour établir une longueur d'arbre efficace, L. La Figure 3.8 donne quelques résultats des essais pour des évacuateurs à ouvertures *uniques* et *multiples* avec un seul arbre ou, lorsque cela est indiqué, deux arbres ensemble approchant un évacuateur. Les arbres coincés en travers l'ouverture d'un évacuateur d'un bajoyer à l'autre sont qualifiés de '*définitifs*'. Certains arbres ont été récupérés par une combinaison d'actions ainsi que des souches et des branches bloquées par les ponts et les seuils de l'évacuateur de crues ; ils sont qualifiés de '*douteux*'.

Sensitivity of spillways to floating trees

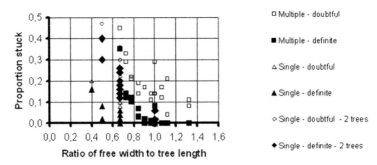

Figure 3.8.
Résultats des essais de modélisation pour les arbres flottants dans les évacuateurs

Sensitivity of spillways to floating trees	*Sensibilité des évacuateurs de crues aux arbres flottants*
Doubtful	*Douteux*
Definite	*Définitif*
Proportion stuck	*Pourcentage d'arbres coincés*
Ratio of free width to tree length	*Rapport entre l'ouverture libre et la longueur des arbres*

Le courant d'aspiration de l'évacuateur a été jugé important pour deux raisons. Les vitesses élevées des écoulements dans la zone d'aspiration tendent à accélérer celle des arbres, ce qui réduit le risque de coincement. En revanche, une certaine accélération des vitesses d'écoulement a tendance à aligner les arbres parallèlement au courant, ce qui augmente également les taux de transit. Comme le montre le graphique ci-dessus, une largeur libre un peu plus importante peut être nécessaire lorsque plusieurs passes d'évacuateurs sont placées les unes à côté des autres de sorte que l'accélération courant en amont soit moins prononcée.

Les dimensions suivantes ont été requises pour permettre aux arbres *seuls* avec une probabilité à 95–100% de passer à travers des ouvrages d'évacuateur à seuil fixe :

- Une distance libre entre les bajoyers d'au moins 0,75 L pour les ouvertures d'évacuateur uniques et de 1,0 L pour les ouvertures multiples d'évacuateur séparées par des bajoyers.

- Une hauteur libre d'au moins 0,15L entre le seuil fixe et le pont sus-jacent.

In Scandinavia hydraulic model tests (Godtland and Tesaker, 1994: Johansson and Cederstrom, 1995) have been made involving single trees, pairs of trees travelling together and larger slugs of trees. The tests dealt with passage of debris over both gated and ungated spillways and possibilities to stop slugs of trees with the help of floating boom arrangements. for several years starting in.

The models used young plants of spruce, Picea Abies, of around 0.3m length with root systems less than 0.05 m in diameter, to simulate grown-up trees of 25–30m length, typical for Scandinavia. It was noted that the model trees were proportionally stiffer and stronger than the prototype trees, especially at the top ends and the model trees may therefore have stuck easier at spillways. It was suggested therefore that not only the root but also the top portion of prototype trees having trunk diameter less than 0.05 m should be disregarded to establish an effective tree length, L. Figure 3.8. gives some test results for *single* and *multiple* spillway openings with a single tree or, where indicated, two trees together approaching a spillway Trees stuck across a spillway opening from one pier to the next are denoted as '*definite*'. Some trees were caught by a combination of actions involving also roots and branches caught by bridges and spillway sills; they are marked with unfilled symbols and denoted as '*doubtful*'.

Sensitivity of spillways to floating trees

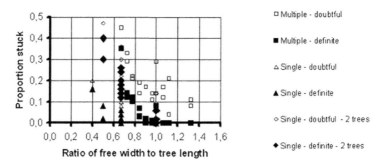

Figure 3.8.
Model test results for floating trees at spillways

The approach flow to the spillway was found to be important in two respects. High flow velocities in the approach zone tend to increase the momentum of the trees, which reduced the risk of jamming. On the other hand, a certain acceleration of the flow velocities tends to line up the trees parallel to the flow, which also increased passage rates. As can be seen in the graph above a somewhat larger free width may be required where there are multiple spillway openings next to each other so that the flow acceleration upstream is less pronounced.

The following dimensions were required to allow *single* trees a 95–100% probability of passing through fixed sill spillway structures:

• A free distance between piers not less than 0.75 L for single spillway openings and 1.0 L for multiple spillway openings separated by piers

• A head of the upstream pool over the fixed sill and a free height between sill and overlying bridge not less than 0.15 L.

Les essais pour le passage de 80% des amas d'arbres ont conduit à dimensionner le bassin en amont pour une hauteur libre au-dessus du seuil fixe de 0,15 L -0,20 L et une distance libre de 1,1 L entre les bajoyers.

La capacité des dispositifs de vidange de fond a été également testée pour faire passer les arbres aspirés de la surface vers les structures situées sur le parement aval vertical d'un barrage. Le dispositif était de forme rectangulaire d'une hauteur libre égale à la moitié de la largeur libre et une approche légèrement en forme de cloche sans angles vifs où les arbres pourraient se coincer. Les arbres individuels sont passés en toute sécurité tant que la largeur libre de l'orifice de sortie dépassait 0,5 L. Des vitesses d'écoulement plus élevées et une accélération de l'écoulement en face de l'orifice de sortie peuvent expliquer l'amélioration des performances par rapport à celle des évacuateurs de surface.

Les résultats s'appliquent uniquement au passage d'arbres des espèces utilisées dans les essais de modélisation. D'autres espèces d'arbres de différentes tailles, formes et forces nécessitent des recherches distinctes.

3.3.5. Mesures de prévention proposées

La première étape serait d'essayer d'évaluer si des problèmes de débris sont possibles au niveau d'un barrage particulier. Si la rivière en amont traverse un terrain boisé et qu'il n'y a pas de lacs ou de réservoirs en amont où les débris sont retenus et éliminés, ce risque est généralement présent à moins que les dimensions de l'évacuateur ne soient extrêmement importantes. Si le terrain autour du réservoir est escarpé et sujet à l'érosion, le problème peut être grave.

Un plan de gestion des débris peut être élaboré pour limiter les quantités de débris flottants. Il existe différents procédés (CDSA, 1995) qui peuvent être utilisés pour contrecarrer l'obstruction des évacuateurs :

Contrôle de l'afflux de débris

1. Coopération avec des entreprises forestières pour promouvoir des pratiques adaptées comme :

   - Pose de barrières en bois permanentes

   - Drainage adéquat des pentes

   - Minimisation du défrichage du bord des rives

   - Replantation rapide

2. Identification et protection des pentes de réservoir sujettes aux glissements, en particulier celles touchées par des activités humaines comme la construction de route ou l'exploitation forestière et minière

3. Création de pièges à débris sur les écoulements pénétrant dans le réservoir

4. Coopération et approche conjointe dans la gestion des débris avec d'autres projets de barrage sur le même fleuve.

Les mesures de gestion de l'afflux des débris vers les réservoirs à partir des zones autour des rives et des affluents n'ont pas toujours été très réussies.

Collecte et élimination des débris sur et autour du réservoir

1. Construction de dispositifs de broyage et de drômes de rétention

2. Construction de digues de rétention dans les eaux peu profondes

Passage of 80% of tested *slugs of trees* required a minimum head of the upstream pool over the fixed sill of 0.15 L -0.20 L and a free distance between piers of 1.1L.

Also, the capability of bottom outlets was tested to pass trees sucked down from the water surface to outlets placed in a vertical front of a dam. The outlet had a rectangular shape with the free height equal to half the free width and a slightly bell-shaped approach with no sharp corners where trees could get stuck. Single trees were safely passed as long as the free width of the outlet exceeded 0.5 L. The higher flow velocities and the marked flow acceleration in front of the outlet may be the reason for the improved performance compared to that of the surface spillways.

The results are relevant only to passage of trees of the species used in the model tests. Other species of tree with different sizes, shapes and strengths require separate investigations.

3.3.5. Proposed counter- measures

The first step would be to try and assess if a potential for debris problems exists at a particular dam. If the upstream river runs through forested terrain and there are no lakes or reservoirs upstream, where the debris is collected and removed, such a potential usually exists unless spillway dimensions are extremely large. If the terrain around the reservoir is steep and prone to erosion the problem may be severe.

A debris management plan may be developed to limit the amounts of floating debris. There are a number of different methods (CDSA, 1995) which may be employed to counteract clogging of spillways

Control of debris inflow by

1. Cooperation with forestry companies to promote suitable practices such as:

    - leaving standing timber barriers

    - providing adequate drainage of slopes

    - minimizing strip clearing

    - rapid replanting

2. Identification and protection of reservoir slopes prone to slides, especially those influenced by human activities such as road construction, logging and mining operations

3. Creation of debris traps on streams entering the reservoir

4. Cooperation and joint approach to debris management with other dam projects in the same river.

Measures to manage the inflow of debris to reservoirs from areas around the rim and from tributaries have not been very successful

Collection and removal of debris on and around the reservoir by

1. Construction of bag shear and containment booms

2. Construction of containment dykes in shallow water

3. Evacuation des bois morts et des souches dans les parties peu profondes du réservoir

4. Hausse contrôlée du réservoir pour faire flotter les débris autour des rives du réservoir

Protection des évacuateurs par

1. Drômes destinées à contenir, dévier et arrêter les débris

2. Détournement des débris vers d'autres déversoirs

3. Construction de structures de protection de la partie amont des évacuateurs

La conception des drômes est cruciale car les débris recueillis peuvent être relâchés en amas après une rupture de drômes ou après avoir atteint une profondeur suffisante pour passer sous les drômes. Les dispositifs de drômes ne sont donc pas privilégiés aujourd'hui comme seul moyen de protection (Rundqvist, 2006). Le concept des protections en amont est fondé sur l'idée de permettre aux évacuateurs de fonctionner, peut-être avec une certaine réduction de la capacité, même si de grandes quantités de débris ont été recueillies avec une structure de protection juste en amont.

Vérification de la capacité des évacuateurs de crues à faire transiter les débris

1. Modéliser les essais sur les évacuateurs pour évaluer leur sensibilité aux débris attendus

2. Augmenter la largeur ou la hauteur libre de l'évacuateur, par exemple en retirant les piliers, en abaissant la crête ou en élevant/déplaçant le pont ou la base de la vanne en position haute.

3. Modifier la zone d'entonnement de l'évacuateur pour améliorer le passage des débris

4. Examiner la procédure d'exploitation pour réduire la probabilité d'amoncellements de débris, en procédant rapidement à une ouverture des vannes par exemple

5. Introduire un nouvel évacuateur doté d'une meilleure capacité pour le passage des débris, par exemple une sortie de fond.

Un certain nombre d'améliorations possibles des évacuateurs ont été testées sur maquette en Allemagne et en Suisse. Ces essais comprenaient des modèles de piliers bajoyers en amont (Strobl, 2003) pour mieux aligner les débris flottants avec le courant ainsi qu'une amélioration des formes des piliers.

3.4. STRATEGIES D'EXPLOITATION DES RESERVOIRS

3.4.1. Déstratification artificielle

Une approche proposée pour atténuer la détérioration de la qualité de l'eau due à la stratification prolongée d'un réservoir est de mélanger artificiellement ou de déstratifier la colonne d'eau. En éliminant la stratification, les concentrations d'oxygène dissous sont maintenues tout au long de la colonne d'eau et la profondeur de la zone photique est augmentée, ce qui réduit la croissance des algues. En empêchant l'anoxie, les teneurs de fer et de manganèse peuvent être réduites par une baisse conséquente de la libération du phosphore. Les deux principales techniques de déstratification sont panaches de bulles et les mélangeurs mécaniques.

3. Clearing of snags and stumps in shallow parts of the reservoir

4. Controlled raising of reservoir to float off debris around reservoir rim

Protection of spillways by

1. Booms to restrain, deflect and stop debris

2. Diverting debris to other weirs

3. Construction of visor structures at spillways

The design of booms is critical as gathered debris may be released in slugs after boom failure or after reaching a depth sufficient to pass under booms. Boom arrangements are therefore presently not favoured as a single line of defence (Rundqvist, 2006). The concept of visors is based on the idea of allowing the spillways to function, perhaps at some reduced capacity, although large amounts of debris has been collected against some visor structure just upstream.

Check of existing spillways' ability to pass debris by

1. Model test spillways to assess their sensitivity to the expected debris

2. Increase free width or height of spillway, for instance by removal of piers, lowering of crest or raising/removal of bridge or gate lip in top position

3. Modify spillway approach zone to improve debris passage

4. Revise operating procedure to reduce likelihood of debris jams, for instance by early complete raising of gates

5. Introduce new spillway with better capability to pass debris, perhaps a bottom outlet.

Several possible spillway approach improvements have been model tested in Germany and Switzerland. These include patterns of piers constructed upstream (Strobl, 2003) to better align floating debris with the flow and improved pier shapes.

3.4. RESERVOIR OPERATING STRATEGIES

3.4.1. Artificial Destratification

One approach to mitigating the adverse water quality caused by the prolonged stratification of a reservoir is to artificially mix, or destratify the water column. By removing the stratification dissolved oxygen concentrations are maintained throughout the water column and the depth of the photic zone is increased, reducing algal growth. By preventing anoxia, iron and manganese levels can be reduced with a consequent reduction in phosphorus release. The two main destratification techniques are bubble plumes and mechanical mixers.

Mélangeurs à panaches de bulles

Les panaches à bulles sont la méthode la plus courante de la déstratification et impliquent la libération d'air comprimé à partir d'une série de diffuseurs au fond du réservoir. Les bulles très actives qui en émanent entraînent l'eau, transportant l'eau froide à la surface où elles sont libérées dans la couche de surface. Un déstratificateur à panache à bulles bien conçu introduira une flottabilité suffisante pour soulever les eaux les plus anciennes vers la surface, ce qui donne une efficacité de l'ordre de 5–10%. Un déstratificateur à panache de bulles n'augmentera pas la concentration d'oxygène dissous en dissolvant les gaz à partir des bulles, mais permettra les transferts de l'oxygène atmosphériques et de le mélanger à travers toute la profondeur du réservoir.

Mélangeurs mécaniques

Une technique couramment utilisée est celle des agitateurs mécaniques ; généralement des pompes à faible vitesse conçues pour pomper l'eau de surface vers le bas. Ces systèmes utilisent soit une roue ouverte, soit une turbine placée dans un tube d'aspiration. Un système de roue ouverte crée un jet qui modifie la thermocline en la diminuant progressivement. Un tube d'aspiration permet aux turbines à faible vitesse de transporter l'eau de surface vers la profondeur, où elle forme une couche très active

Jusqu'à récemment, les mélangeurs mécaniques ont été considérés comme moins efficaces que les panaches à bulles, mais l'utilisation de roue ou turbine à faible vitesse rend cette technique potentiellement plus efficace. Il a été suggéré que les roues ou turbines dirigées vers le bas peuvent avoir l'avantage de permettre aux métaux oxydés de la colonne d'eau de se déposer à une profondeur plus faible qu'avec un panache à bulles étant donné que celui-ci transporte vers la surface l'eau de l'hypolimnion anoxique. Quelques questions importantes sur l'efficacité relative de chacune de ces techniques demeurent sans réponse.

Diffuseurs à jet

David Horn - Qu'en est-il de l'effet de la pompe Mundaring sur la qualité de l'eau ?

Rideaux

Des rideaux ou écrans souples peuvent être utilisés pour contrôler le mélange et séparer les entrées ou les sorties d'eau. Ainsi la surface des rideaux suspendus peut séparer les entrées froides de l'épilimnion du réservoir principal, ce qui empêche l'entraînement de l'eau plus chaude au moment de l'apport. Cette technique a été utilisée pour réduire la température hypolimnique d'un réservoir dans lequel des rejets froids dans l'environnement ont été nécessaires pour le maintien des populations de poissons en aval.

Normalement, les rideaux de contrôle de la température sont placés autour des ouvrages de prise d'eau où ils contrôlent le niveau des retraits. Les rideaux peuvent également être placés à d'autres endroits à l'intérieur d'un réservoir ou en aval des sorties, en particulier dans les canaux de fuite des centrales hydroélectriques, pour contrôler l'hydrodynamique qui pourrait autrement avoir des répercussions sur la qualité de l'eau lâchée depuis le réservoir. Les rideaux peuvent être sensiblement plus rentables par rapport aux ouvrages traditionnels de retrait sélectif. Toutefois, des incertitudes considérables quant à leur rendement ont été examinées dans une étude récente de trois réservoirs (Vermeyen, 1997). Cette étude a conclu que la performance des rideaux est complexe et difficile à caractériser.

Bubble Plume Mixers

Bubble plumes are the most common method of destratification and involve the release of compressed air from a series of diffusers at the bottom of the reservoir. The resultant buoyant bubble plume entrains water as it rises, transporting colder water to the surface where it is released into the surface layer. A well-designed bubble plume destratifier will introduce sufficient buoyancy to lift the oldest water just to the surface, resulting in an efficiency of the order of 5–10%. A bubble plume destratifier does not increase the dissolved oxygen concentration by dissolution of gas from the bubbles, but by allowing atmospheric oxygen transfers to be mixed through the full depth of the reservoir.

Mechanical Stirrers

A less commonly used technique is the use of mechanical stirrers; usually large low-speed impellers designed to pump the surface water downwards. These systems use either an open impellor or an impeller in a draft tube. An open impeller system creates a jet that impinges on the thermocline, gradually eroding it. A draft tube enables lower velocity impellors to transport surface water to depth, where it forms a positively buoyant plume.

Until recently mechanical stirrers were considered to be less efficient than bubble plumes, but the use of low-speed impellers makes this technique potentially more efficient. It has been suggested that downward impellers may have the advantage of allowing oxidised metals to settle from the water column at a lower depth than would be the case using a bubble plume since the latter transports the anoxic hypolimnetic water to the surface. There remain some important unanswered questions as to the relative effectiveness of each of these techniques.

Jet Diffusers

David Horn – How about something along the lines of the effect of the Mundaring pump back on water quality?

Curtains

Flexible curtains can be used to control mixing and to separate inflows or withdrawals. For example, surface suspended curtains can separate cold inflows from the epilimnion of the main reservoir, preventing the entrainment of the warmer water as the inflow plunges. This technique has been used to reduce the hypolimnetic temperature in a reservoir in which cold environmental releases were required for sustaining downstream fish populations.

Typically, temperature control curtains are positioned around intake structures where they control withdrawal elevation. Curtains may also be positioned at other locations within a reservoir or downstream of outlets, particularly in the tailraces of hydro power stations, to control hydrodynamics that might otherwise affect reservoir release water quality. Curtains potentially offer substantial cost savings over traditional selective withdrawal structures. However, the considerable uncertainties about their performance was examined in one recent study of three reservoirs (Vermeyen, 1997). This study concluded that the performance of curtains was complex and not easily characterized.

Aération hypolimnétique et oxygénation

Dans certains cas, il est souhaitable de maintenir la stratification thermique et même d'augmenter les concentrations en oxygène dissous (OD) de l'hypolimnion. Certains poissons ont par exemple besoin d'eaux froides mais aussi de concentrations élevées en OD. Même si la déstratification augmentait l'OD en profondeur, elle augmenterait également la température. Un autre exemple important est le cas où les faibles concentrations en oxygène entraînent une augmentation de la libération des nutriments à partir des sédiments. Dans ce cas, la déstratification mélangerait l'eau à forte concentration de nutriments à la couche de surface, augmentant ainsi la possibilité d'une prolifération d'algues.

Les concentrations en oxygène dissous dans l'hypolimnion peuvent être augmentées par l'introduction d'air ou d'oxygène pur. L'utilisation d'oxygène pur est nettement plus efficace, bien qu'un approvisionnement en oxygène comprimé soit nécessaire. Dans les systèmes peu profonds, l'eau appauvrie en oxygène dissous est pompée à partir du réservoir et de l'oxygène est injecté par un venturi puis renvoyée vers le réservoir. Dans les réservoirs plus profonds, l'oxygène est introduit directement dans l'hypolimnion, généralement par un venturi pour assurer la dissolution.

3.4.2. Exemple du Lac de Nyos

Le 21 août 19Rfi, des rejets massifs de dioxyde de carbone du lac Nyos au Cameroun ont tué environ 1 700 personnes. Il a été suggéré que le CO_2 s'était initialement dissous dans l'hypolimnion (couche inférieure dense) du lac et avait été émis par dégazage éruptif. Il a d'abord été pensé que l'explosion du Nyos était volcanique étant donné sa violence. Des expériences récentes ont montré que la décompression de l'eau saturée de CO_2 peut alimenter des expulsions de CO_2 de façon éruptive.

Pour diminuer les concentrations de CO_2 dans l'hypolimnion, un tube de dégazage a été mis en place, comme le montre la Figure 3.9.

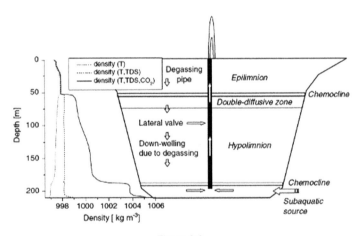

Figure 3.9.
Présentation du lac Nyos montrant les STD, le CO_2 et la stratification

Density	Densité
Depth	Profondeur
Lateral valve	Vanne latérale
Down-welling due to degassing	Plongée d'eau due au dégazage
Degassing pipe	Tube de dégazage
Double-diffusing zone	Zone de double diffusion

Hypolimnetic Aeration and Oxygenation

In some instances, it is desirable to maintain the thermal stratification and yet increase the dissolved oxygen (DO) concentration in the hypolimnion. For example, some fish require cold water temperatures but high DO concentrations. Although destratification would increase the DO at depth, it would also increase the temperature. Another important example is when the low DO concentration leads to increased nutrient release from the sediments. In such a case destratification would mix the high nutrient concentration water to the surface layer, increasing the possibility of an algal bloom.

The DO concentration in the hypolimnion can be increased by the introduction of air or pure oxygen. The use of pure oxygen is significantly more efficient, although a supply of compressed oxygen is required. In shallow systems low DO water is pumped from the reservoir, oxygen is injected using a venturi and then returned to the reservoir. In deeper reservoirs the oxygen is introduced directly into the hypolimnion although usually through a venturi to ensure dissolution

3.4.2. Lake Nyos Example

On 21 August 19Rfi, a massive release of carbon dioxide from Lake Nyos in Cameroon killed about 1,700 people. Il was suggested that the CO_2, released was initially dissolved in the hypolimnion (dense lower layer) of the lake, and was released by eruptive outgassing. Because of its violence, the Nyos outburst was at first though° to have been volcanic. Recent experiments have shown that decompression of CO_2-saturated water is able to power expulsive eruptions.

To decrease the concentration of CO_2 in the hypolimnion, a degassing pipe has been implemented shown in Figure 3.9.

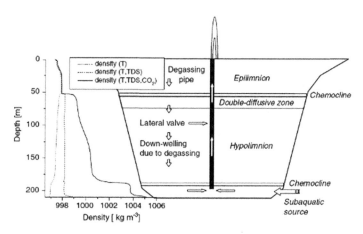

Figure 3.9.
Présentation du lac Nyos montrant les STD, le CO_2 et la stratification

Le graphique de gauche montre la contribution de la température, des solides dissous (STD) et du CO_2, à la stratification de la densité dans le lac Nyos en décembre 2002. Le fonctionnement du tube de dégazage engendre une retombée de 1–3myr. Les Figures 3.10 et 3.11 montrent respectivement les taux d'accumulation de CO_2 en dessous de 175 m du lac Nyos depuis 1986 et le tube de dégazage en action.

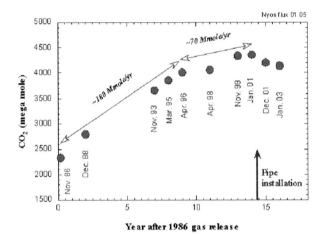

Figure 3.10.
Le taux d'accumulation de CO_2 en dessous de 175 m au Lac Nyos depuis 1986

Pipe installation	Installation du tubage
Year after 1986 gas release	Année après le largage de gaz en 1986

Figure 3.11.
Tube de dégazage en action

The graph to the left shows the contributions of temperature, total dissolved solids (TDS) and CO_2 to the density stratification of Lake Nyos in December 2002. The operation of the degassing pipe causes a down-welling of 1–3myr. The figure 3.10 and 3.11 show respectively the rate of CO_2 accumulation below 175 m at Lake Nyos since 1986 and the degassing pipe in action.

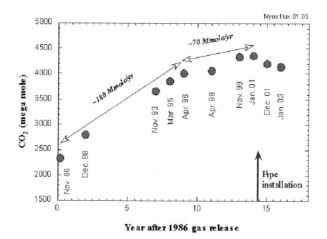

Figure 3.10.
The rate of CO_2 accumulation below 175 m at Lake Nyos since 1986.

Figure 3.11.
Degassing pipe in action

3.4.3. Gestion du remplissage de réservoir

Etude de cas : Turbidité générée lors du remplissage d'un réservoir – Le cas Péribonka (Québec, Canada)

L'installation hydroélectrique de Péribonka comprend un barrage d'une hauteur de 80 m sur une longueur en crête de 700 m, deux digues de fermeture, une centrale souterraine équipée de trois turbines Francis de 385 MW de puissance installée totale générant 2,2 TWh d'énergie annuelle, un évacuateur à double passe avec une capacité maximale à 5 300 m^3/s et un réservoir de 35 km de long, s'étendant sur 32 km^2.

Le remplissage du réservoir a nécessité 37 jours, du 27 septembre au 3 novembre 2007. Vu la proximité d'un grand réservoir en amont (Figure 3.12), l'eau contient naturellement très peu de matériau en suspension sur le site de la centrale Péribonka (pelipaukau signifie en dialecte montagnais *" rivière creusant dans le sable, où le sable se déplace"*).

Au cours du processus de remplissage du réservoir, des glissements de terrain ont eu lieu sur la rivière (Figures 3.13 et 14) entraînant une augmentation temporaire de la turbidité de l'eau. Le panache d'eau brune a pu être suivi quotidiennement par imagerie satellite (Figure 3.15) et par des mesures ponctuelles. Sans les mesures immédiates et appropriées prises par Hydro-Québec, cette turbidité aurait eu un impact important sur l'approvisionnement en eau potable des habitants proches vivant en aval. Leurs systèmes de traitement de l'eau n'avaient pas été conçus pour tenir compte de la forte turbidité.

La rivière Péribonka est en effet la principale source d'eau douce des deux municipalités situées près de son embouchure. La municipalité de Sainte-Monique tire son eau potable du réservoir de la centrale Chute-à-la-Savane (figure 3.10), tandis que la commune de Péribonka puise l'eau directement en aval de cette dernière centrale. Les deux systèmes de traitement de l'eau par chloration sont devenus inefficaces lorsque la charge en suspension a augmenté.

Des mesures spéciales à l'aide de camions-citernes ont été utilisées au cours de la période de temps nécessaire pour atteindre la concentration normale de la charge en suspension. La mise en place de ces mesures correctives a été facilitée par le retard du remplissage du réservoir et le temps mis par le panache de turbidité pour progresser en aval. Des concentrations normales ont été atteintes deux mois après que le front de turbidité a eu atteint les installations d'approvisionnement en eau des deux municipalités (Figure 3.16a et b).

Des enseignements ont été tirés de cette expérience :

- Malgré le levé géologique, l'étude géomorphologique et la déforestation des berges du réservoir, il a été impossible de prévoir un tel niveau de turbidité. Les sources de charge en suspension se limitaient en effet à quelques zones avec des teneurs en silt et argile, très difficiles à détecter.

- L'accent mis sur l'importance du système de communication entre le promoteur et la population concernée a permis une excellente coopération pour limiter les effets négatifs.

- Concernant l'érosion et les glissements de terrain, cette expérience montre l'importance de se doter d'un programme efficace de suivi environnemental pendant la phase de remplissage du réservoir de manière à parer à toute éventualité. C'est certainement grâce à un suivi environnemental efficace que l'impact sur l'approvisionnement en eau potable a pu être maîtrisé.

- Observation de la grande capacité de la faune marine à tolérer et à supporter temporairement des conditions environnementales inhabituelles.

La Figure 3.12 montre également la progression du front de turbidité pendant le remplissage du réservoir.

3.4.3. Management of reservoir filing

Study case: Turbidity generated during the filling of a reservoir – The Péribonka case (Québec-Canada)

The Péribonka hydro-electric installation includes a dam of 80-m- height by 700-m-crestlength, two closing dykes, one underground power plant equipped of three Francis turbines of 385 MW total installed power generating 2,2 TWh annual energy, a dual pass spillway summarising 5 300 m^3/s of maximum capacity and a reservoir of 35-km-length laying on 32 km^2.

Filling the reservoir required 37 days, from September 27th to November 3rd 2007. Due to the proximity of a large reservoir upstream (Figure 3.12), the water naturally contains very few suspended load at the Péribonka power plant site (Pelipaukau means in the Montagnais dialect "*a river digging in the sand and where the sand moves*".)

During the filling process of the reservoir, landslides occurred on the river (Figure 3.13 and 14) resulting in a temporary increase in the water turbidity. The plume of the brown water could be followed from day to day by satellite images (Figure 3.15) and by punctual measurements. Without immediate and appropriate actions undertaken by Hydro-Quebec, this turbidity would have an important impact on the drinking water supply of the surrounding inhabitants living downstream. Their water treatment systems were not been designed to take account of high turbidity.

The Péribonka river, indeed, is the main source of fresh water for two municipalities located next to the river mouth. The municipality of Sainte-Monique draws its drinking water from the Chute-à-la-Savane power plant reservoir (Figure 3.10), whereas the municipality of Péribonka draws water directly downstream of this last power plant. Both water treatment systems by chlorination became inefficient when the suspended load increased.

Special measures using tanker trucks were used during the period of time required to reach the normal concentration of suspended load. Set up of these corrective actions was facilitated by the delay of the reservoir filling and the time taken by the turbidity plume to progress downstream. Normal concentrations were reached two months after the turbidity front had reached the water supply installations of the two municipalities (Figure3.16a and b).

Lessons were drawn from this experience.

- Despite of the geological surveying, the geomorphological study and the deforestation of the reservoir banks, it has been impossible to predict such a level of turbidity. Indeed, sources of suspended load were limited over a few zones with silt and clay contents, very hard to detect.

- Emphasis of the importance of the communication system between the developer and the concerned population which allowed for an excellent cooperation in order to limit adverse effects.

- About the erosion and landslides, this experience shows the importance to have an efficient environmental follow up program during the filling phase of this reservoir so as to ward off all eventualities. It was surely through an efficient environmental follow up that the impact on drinking water supply was controlled.

- Observation of the great capacity of the marine fauna to temporarily tolerate and sustain unusual environmental conditions.

Figure 3.12 also shows the progression of the turbidity front during the filling of the reservoir.

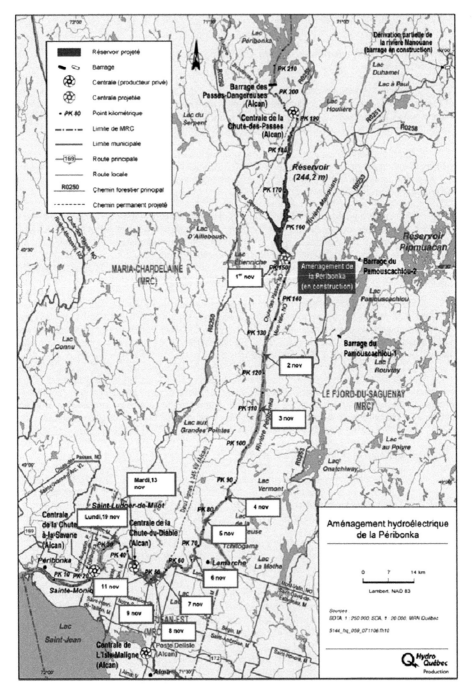

Figure 3.12.
Maquette générale des installations sur la rivière Péribonka

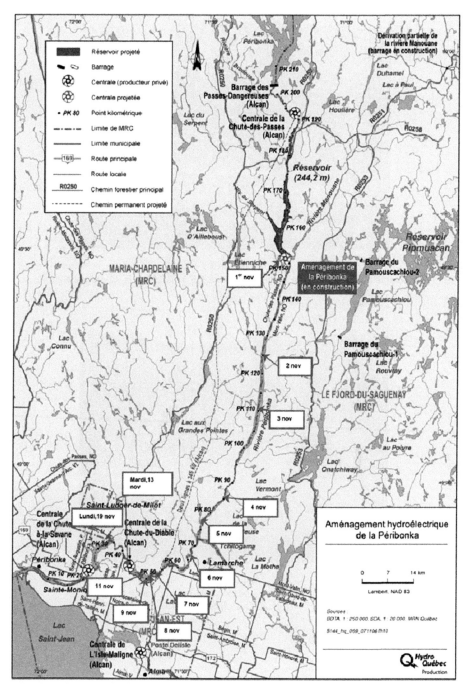

Figure 3.12.
General layout of the installations on the Péribonka river

Figure 3.13.
Glissements de terrain sur une berge sableuse à K.P 177,5 (Réf. H.-Q.-Polygéo-2007)

Figure 3.14.
Glissements de terrain sur une berge sableuse limoneuse à K.P 174,5
(Réf. H.-Q.-Polygéo-2007)

Figure 3.13.
Landslides in a sandy bank at K.P 177,5 (Réf. H.-Q.-Polygéo-2007)

Figure 3.14.
Landslides in a sandy bank with silt content at K.P 174,5 (Réf. H.-Q.-Polygéo-2007)

Figure 3.15.
Image satellite du 5 novembre 2007

(a)

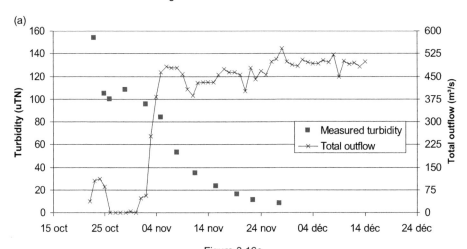

Figure 3.16a.
Progression de la turbidité dans le réservoir de la centrale de Péribonka

(b)

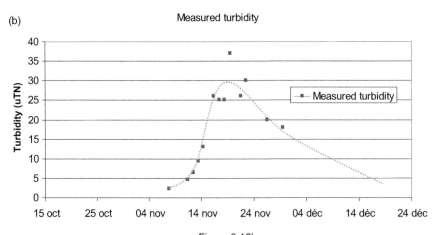

Figure 3.16b.
Turbidité dans le réservoir de la Chute-du-Diable (105 km en aval)

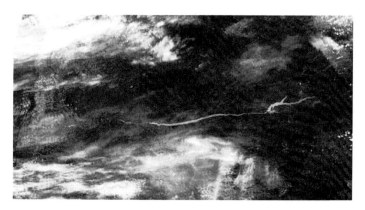

Figure 3.15.
Satellite image of November 5th 2007

(a)

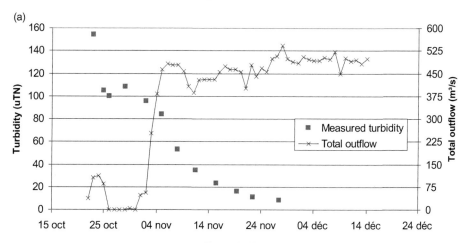

Figure 3.16a.
Turbidity progression in the Péribonka power plant reservoir

(b)

Measured turbidity

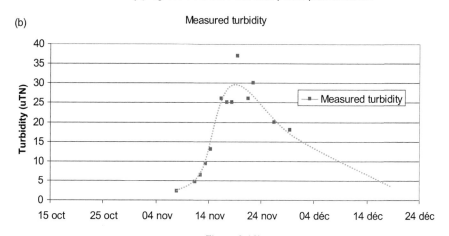

Figure 3.16b.
Turbidity in the Chute-du-Diable reservoir (105km downstream)

133

3.4.4. Options d'ouvrages – Tour de prise à plusieurs niveaux

Plusieurs solutions de structures d'ouvrages sont disponibles pour le soutirage sélectif de couches d'eau spécifiques dans le réservoir. Cela va des prises flottantes aux prises fixes à plusieurs niveaux et aux systèmes d'écran continu.

Prises flottantes à bras pivotants ou tourillons

Le concept de base est constitué d'un tuyau de prélèvement attaché à un flotteur. Il est présenté par le schéma de la Figure 3.17. Pour ce type de solution, le diamètre du tuyau de prise est généralement limité à environ 1 000 mm ou à des débits allant jusqu'à près de 2m³/s, ce qui ne permet pas une capacité suffisante d'évacuation requise pour les grands réservoirs, centrales hydroélectriques ou barrages d'irrigation. En outre il y a une faisabilité pratique qui limite la longueur du tuyau à environ 25 mètres et il ne convient donc que pour les retraits à des profondeurs moindres. Cette option serait appropriée pour de petits volumes d'approvisionnement en eau d'une ville.

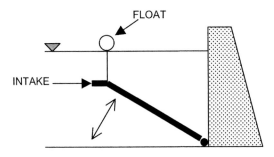

Figure 3.17.
Option à bras pivotant

Float	Flotteur
Intake	Entrée

Tour de prise à plusieurs niveaux

En Australie, un récent sondage a indiqué que la méthode préférée pour réaliser le soustirage sélectif se fait par une tour constituée de buses d'aspiration à plusieurs niveaux reliées à une conduite interne qui passe vers le bas à l'intérieur de la tour (figure 3.18). L'entrée dans chaque buse d'entrée est commandée par une vanne papillon qui est soit complètement ouverte ou fermée. Le fonctionnement des vannes et la maintenance du système sont facilement effectués à partir de l'intérieur de la tour qui est accessible soit à partir de la partie supérieure de la plate-forme, soit par l'intermédiaire d'une galerie sous la digue. Beaucoup de ces structures peuvent également être commandées à distance à partir de la plate-forme de la tour ou de salles de contrôle par le système SCADA. En Australie, la majorité de ces types de structures à sec est utilisée pour l'eau potable, mais également certaines autorités l'utilisent pour l'eau d'irrigation.

3.4.4. Structural Options - Multi Level Offtake Towers

There are ranges of structural options available for the selective withdrawal of specific layers of water from the reservoir. These range from floating offtakes, to multi-level fixed offtakes and continuous screen systems.

Floating Offtakes with Pivot arms or Trunnion

The basic concept consists of a pipe off-take that is attached to a float. The concept is shown diagrammatically in Figure 3.17. Generally, for this type of option the diameter of the intake is limited to about 1000 mm or flow rates of up to about 2m³/sec, which does not provide sufficient capacity for the bulk water discharges required for major water storages, hydro power stations or irrigation dams. In addition, there is a practical feasibility that limits the length of the pipe to about 25 meters and hence it is only suitable for withdrawals at shallower depths. This option would be suitable for smaller volume town water supply.

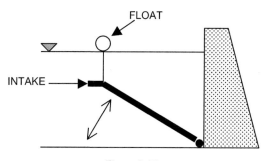

Figure 3.17.
Pivoting Arm Option

Dry Tower Multi Port Intake Towers

In Australia a recent survey indicated that the preferred method for achieving selective withdrawal is via a "dry" tower consisting of multi-leveled bell-mouth inlet ports connected to an internal conduit that passes vertically down inside the tower (Figure 3.18). Inflow into each inlet port is controlled by a butterfly valve or penstock gate that is either fully open or closed. Operation of the valves and maintenance of the system is easily carried out from within the tower structure with access being from either the top platform or via a tunnel under the embankment. Many of these structures can also be operated remotely from the tower platform or from control rooms by SCADA. In Australia, the majority of these types of dry intake structures are used for drinking water supply, however some authorities do operate this type of inlet for irrigation water.

Figure 3.18.
Deux prises exposées sur une tour de prise d'eau à plusieurs niveaux

Les ouvrages de prise d'eau sont peu souples et ne permettent d'effectuer des soutirages qu'à des niveaux spécifiques où sont établies les prises. En règle générale, les tours de prises ne peuvent pas avoir plus de 6 niveaux environ de prises. L'acceptabilité du dispositif dépendra des conditions spécifiques du réservoir et des objectifs des prélèvements. Le principal inconvénient des prises à sec est toutefois la capacité limitée des débits de soutirage. Cette capacité est limitée par le coût lié à la fourniture de prises d'eau, des vannes et des conduites de taille suffisante. C'est pourquoi les ouvrages de prise à sec ne sont généralement pas adaptés à des débits supérieurs à 10–12 m³/s.

Système de batardeau et d'écran

Ces ouvrages intègrent une méthode de soutirage sélectif en utilisant un système de grilles de batardeau (Figure 3–19). Les grilles et les batardeaux sont positionnés verticalement à l'intérieur de rainures situées sur la face amont de la tour de prise et alignés sur les prises d'entrée correspondantes, en fonction du niveau du retrait ou de la profondeur sélectionnée. Ce type de tour de prise est considéré comme la meilleure conception et la plus opérationnelle pour des débits de vidange allant jusqu'à 50 m³/sec. En pratique, cependant, les limites de conception constituent potentiellement des contraintes importantes pour l'exploitation de ces ouvrages assurant une gestion efficace de la qualité de l'eau en aval, ainsi que sa qualité thermique. Modifier le niveau de soutirage est une tâche manuelle lourde et lente nécessitant des procédures importantes de sécurité liées à leur exécution.

Tous les ouvrages sont constitués d'une ou deux colonnes verticales de prise sur le côté en amont de la tour. A l'avant de chaque colonne de prise une rainure unique permet aux grilles et batardeaux d'être posés verticalement les uns sur les autres dans l'axe des ouvertures des prises. Les batardeaux empêchent l'eau de pénétrer dans l'ouvrage de prise à la profondeur correspondante et sont placés au-dessus et en dessous de la profondeur de soutirage souhaité. Les grilles filtrent les matières grossières et les débris provenant du réservoir et sont fixées à une hauteur correspondant au niveau d'entrée souhaité. Les grilles sur certains barrages ont été équipées d'une grille plus fine mieux adaptée aux circuits de petites hydrauliques. Les ouvrages de prise sont décrits comme des systèmes 'humides' car l'eau remplit toute la cavité interne et s'écoule vers la base de la tour, à travers le batardeau en position ouverte et dans le tunnel de restitution. L'écoulement dans l'ouvrage de prise est contrôlé par la vanne de la conduite. La descente du batardeau permet de mettre à sec la conduite forcée. La Figure 3.19. représente schématiquement le système.

Figure 3.18.
Two Intakes Exposed on a Dry Multi Port Intake Tower

Dry intake structures have limited flexibility in being able to only selectively withdraw from the specific levels at which the ports are set. Typically, dry intakes may have no more than about 6 draw off levels. The acceptability of the arrangement will depend on the specific conditions within the storage and the objectives for the withdrawal conditions. The main drawback though for the dry type intakes is the limited draw off capacity. This capacity is limited by the cost to provide sufficiently large intakes, valves and conduits. For this reason, dry intake structures are typically not suited to the flow rates in excess of 10 to 12 m³/sec.

Continuous Baulk and Screen Options

These structures incorporate a method of selective withdrawal by using a trashrack and baulk system (Figure 3.19). The trashracks and baulks are positioned vertically within a slot located on the upstream side of the intake tower and line up with the corresponding inlet ports, depending on the withdrawal level or depth that has been selected. This style of intake tower is considered to be the best design and practice for the required discharge volumes, having been used to control discharges up to 50 m³/sec. In practice, however, design limitations pose potential significant constraints to operating these structures for effective downstream thermal and water quality management. Changing the withdrawal level is a slow and manually intensive task involving some significant occupational safety issues.

All of the structures consist of either one or two vertical columns of intake ports on the upstream side of the tower. Positioned in front of each column of intake ports is a single slot that permits the trashracks and baulks to be vertically stacked one on top of the other in line with the port openings. The baulks prevent water entering the intake structure at the corresponding depth and are positioned above and below the desired release depth. The trashracks screen coarse material and reservoir debris and are set at a height corresponding to the desired intake level. The trashracks on some dams have been retrofitted with finer screens suitable for use with mini hydro schemes. The intake structures are described as being "wet" since water fills the entire internal cavity and gravitates down to the base of the tower, through the bulkhead and into the outlet tunnel. Flow through the intake structure is controlled with the penstock valve. Lowering of the main bulkhead gate enables the penstock to be dewatered. Figure 3.19 is a diagrammatic representation of the system.

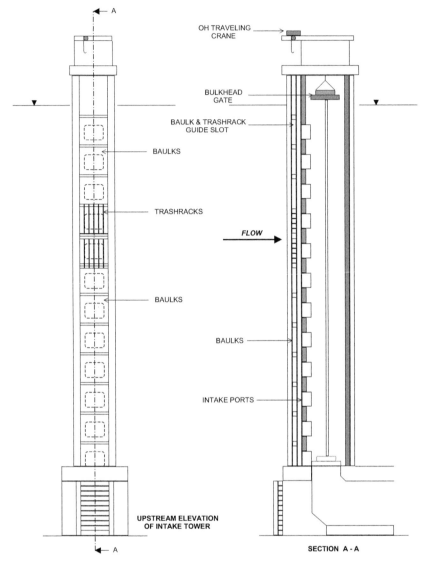

Figure 3.19.
Opération de base du soutirage sélectif

Upstream elevation of intake tower	Elévation amont de la tour de prise
Baulks	Batardeau
Trashracks	Grille
Intake ports	Niveau de prise
Flow	Ecoulement
Baulks § trashrack guide slot	Rainures de guidage des grilles et des batardeaux
OH traveling crane	OH Grue de manutention

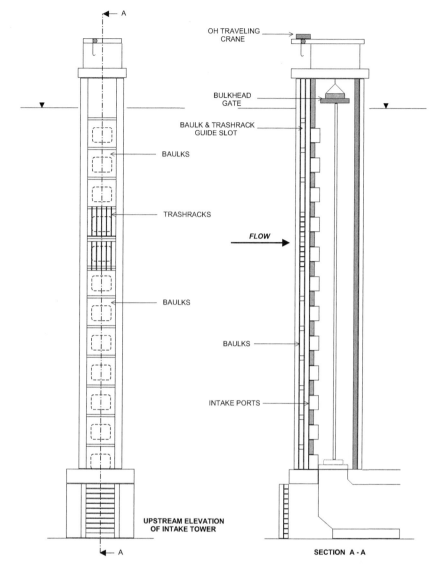

Figure 3.19.
Basic Operation of Selective Withdrawal

Aux Etats-Unis, une étude sur les systèmes de soutirage sélectif menée par le Bureau of Reclamation (2003) a recueilli des données de conception de base et des données opérationnelles sur le soutirage sélectif des grands barrages aux Etats-Unis. Beaucoup d'opérateurs de barrages concernés par l'enquête USBR ont indiqué qu'il ne serait pas pratique d'automatiser le fonctionnement des vannes de soutirage sélectif de leurs barrages. La raison la plus souvent invoquée pour ne pas automatiser le fonctionnement de ces systèmes est qu'il est difficile d'en justifier le coût étant donné la rareté de l'opération. La majorité des personnes interrogées ont indiqué que le changement de niveau des prises était entrepris en moyenne une fois par mois.

Un certain nombre d'ouvrages de prise d'eau aux Etats-Unis ont fait l'objet de modifications majeures pour y ajouter une capacité de soutirage sélectif en vue d'améliorer la qualité des eaux de sortie. Une sélection de ces modifications est brièvement décrite ci-après.

Dispositifs de contrôle de température à Shasta, Californie

La modernisation de l'ouvrage de prise d'eau à plusieurs niveaux (Figure 3–20) a été achevée en 1998. Le prélèvement d'eau est contrôlé par une structure d'obturation de 91 m de hauteur et près de 80 mètres de largeur qui a été ajoutée au parement amont du barrage en béton. Elle se prolonge environ 15 mètres en amont du parement et est ouverte entre les unités pour permettre les écoulements au droit des grilles. Fabriquée hors site et mise à l'eau, elle a été ensuite assemblée par des plongeurs et fixée au parement amont du barrage. Le coût total du projet s'est élevé à 80 millions de dollars.

Figure 3.20.
Ouvrage de prise d'eau à multi-niveaux du barrage de Shasta

Barrage Glen Canyon, Arizona

C'est le quatrième plus grand barrage des Etats-Unis. Le projet porte sur une conception d'un ouvrage avec déversement non contrôlé où l'eau pénètre au sommet de la tour d'admission (intégrée sur le parement amont du barrage) 50 mètres au-dessus de la prise d'eau existante. La souplesse d'exploitation de cette solution est limitée à cause des variations du niveau du réservoir.

In the United States a survey of selective withdrawal systems undertaken by the Bureau of Reclamation (2003) gathered basic design and operational data for large selective withdrawal dams in the US. Many of the dam operators canvassed in the USBR survey indicated that it would not be practical to automate the operation of the selective withdrawal gates at their dams. The most common reason given for not automating the operation of systems was that the infrequency of operation made it difficult to justify the cost. The majority of respondents indicated that intake level change was undertaken on average once every month.

A number of intake structures in the US have undergone major retrofitting to add selective withdrawal capability to improve release water quality. A selection of these is briefly described below.

Shasta Temperature Control Device, California

Completed in 1998, this is a retrofitted multi-level water intake structure (Figure 3.20). Water withdrawal is controlled by a 91-meter-tall and nearly 80 meter wide shutter structure that was added to the upstream face of this concrete dam. The shutter extends about 15 meters upstream from the face of the dam and is open between units to permit crossflow in front of the existing trashrack structures. It was manufactured off-site and lowered into the water and assembled by divers and attached to the upstream face of the dam. The total cost of the project was US$80M.

Figure 3.20.
Shasta Dam Multi Level Offtake Structure

Glen Canyon Dam, Arizona

This is the fourth highest dam in the US. The proposal is for an uncontrolled overdraw design where flow enters the top of the intake tower (built on the upstream face of the dam) 50 meters above the existing intake. The operational flexibility of this design is limited due to reservoir elevation fluctuation.

Barrage Flaming, Utah

Achevée en 1978, l'opération de modernisation comprend des vannes à commande électrique qui permettent de lâcher l'eau à partir de différentes profondeurs du réservoir.

3.5. REFERENCES

BACA, R. G.; ARNETT, R. C. (1976) - *A Finite Element Water Quality Model for Eutrophic Lakes.* Proc. Intern. Conference in Finite Elements in Water Resources, Princeton University, Princeton, New Jersey, USA.

BASSON, G.R. AND OLESEN, K.W. (2004), *Control of Reservoir Sedimentation by flood Flushing : Impacts, Operation and Mathematical Modelling*, Symposium on Environmental Considerations for Sustainable Dam Projects, ICOLD 72nd Annual Meeting, Seoul, Korea 2004.

BAUMGARTNER, A.; REICHEL, E. (1975) - *The World Water Balance.* R. Oldenbourg Verlag, Munique, Germany.

BEACH, T., AND DUNNING N. D. 1995 "*Ancient Maya terracing and Modern Conservation in the Pet n Rain Forest of Guatemala*", J. Soil and Water Conservation 50(2)

BESSONOV ET AL, 1994 "*Shore reformation dynamics of the Tsimlyanskoe Reservoir*", In: Water-Resources, vol. 21, no. 2, pp. 218–224.

BROWN AND NIELSEN (1992), *Dams + Debris = Danger!* Canadian Dam Safety Conference, Quebec, Canada, 1992

CHEN, C. W.; ORLOB, G. T. (1972) - *Ecologic Simulation for Aquatic Environments.* Final Report, Water Resources Engineers (WRE), Inc., Walnut Creek, California, USA.

CHEN, ET AL. (1975) - *A Comprehensive Water Quality - Ecologic Model for Lake Ontario.* Rep. to Great Lakes Env. Res. Lab., Tetra Tech, Inc., USA.

CHEN, C. W.; ORLOB, G. T. (1975) - *Ecologic Simulation for Aquatic Environments.* Chapter 12, Systems Analysis and Simulation in Ecology, Vol. III, Academic Press, Inc., New York, USA.

CHENG, R. T.; ET AL. (1976) - *Numerical Models of Wind Driven Circulation in Lakes.* Applied Math. Modeling, Vol.1, pp. 141–159, USA.

CLAY, CHARLES H., (1995) *Design of Fishways and Other Fish Facilities*, Lewis Publishers, London, 1995

COLE, T., CERCO, C. F. (1993) - *Three-Dimensional Eotrophication Model of Chesapeake Bay*, in Journal of Environmental Engineering, Vol 119, No. 6 November/December.

COLE, T. M.; BUCHAK, E. M. (1995) - *CE-QUAL-W2: A Two-Dimensional, Laterally Averaged, Hydrodynamic and Water Quality Model*, Version 2.0, User Manual - Draft version, U.S. Army Engineer Waterways Experiment Station, Vicksburg, Miss., USA.

DIOGO, P. A.; RODRIGUES, A. C. (1997) - "*Two-Dimensional Reservoir Water Quality Modeling Using CE-QUAL-W2*", IAWQ Conference on Reservoir - Management and Water Supply - an Integrated System, Prague, Check Republic.

DITORO, D. M., ET AL. (1975) - *Phytoplankton - Zooplankton - Nutrient Interaction Model for Western Lake Erie.* Chapter 11, Systems Analysis and Simulation in Ecology, Vol. III, B. C. Patten, Ed., Academic Press, USA.

EBEL, WESLEY J. „*Effects of Atmospheric Gas Supersaturation on Survival of Fish and Evaluation of Proposed Solutions*", NOAA National Marine Fisheries Service, Northwest and Alaska Fisheries Center, Seattle Washington, July, 1979

EDINGER, J. E.; BUCHAK, E. M. (1975) - *A Hydrodynamic, Two-Dimensional Reservoir Model - The Computational Basis.* Rep. to U. S. Corps of Engineers, Ohio River Division, J. E. Edinger & Associates, Inc., USA.

GODTLAND AND TESAKER: *Clogging of Spillways by Trash*, ICOLD R.36, Durban, 1994

Completed in 1978, the retrofit consists of electrically controlled gates that allow the release of water from different depths in the reservoir.

3.5. REFERENCES

BACA, R. G.; ARNETT, R. C. (1976) - *A Finite Element Water Quality Model for Eutrophic Lakes*. Proc. Intern. Conference in Finite Elements in Water Resources, Princeton University, Princeton, New Jersey, USA.

BASSON, G.R. AND OLESEN, K.W. (2004), *Control of Reservoir Sedimentation by flood Flushing : Impacts, Operation and Mathematical Modelling*, Symposium on Environmental Considerations for Sustainable Dam Projects, ICOLD 72nd Annual Meeting, Seoul, Korea 2004.

BAUMGARTNER, A.; REICHEL, E. (1975) - *The World Water Balance*. R. Oldenbourg Verlag, Munique, Germany.

BEACH, T., AND DUNNING N. D. 1995 *"Ancient Maya terracing and Modern Conservation in the Pet n Rain Forest of Guatemala"*, J. Soil and Water Conservation 50(2)

BESSONOV ET AL, 1994 *"Shore reformation dynamics of the Tsimlyanskoe Reservoir"*, In: Water-Resources, vol. 21, no. 2, pp. 218–224.

BROWN AND NIELSEN (1992), *Dams + Debris = Danger!* Canadian Dam Safety Conference, Quebec, Canada, 1992

CHEN, C. W.; ORLOB, G. T. (1972) - *Ecologic Simulation for Aquatic Environments*. Final Report, Water Resources Engineers (WRE), Inc., Walnut Creek, California, USA.

CHEN, ET AL. (1975) - *A Comprehensive Water Quality - Ecologic Model for Lake Ontario*. Rep. to Great Lakes Env. Res. Lab., Tetra Tech, Inc., USA.

CHEN, C. W.; ORLOB, G. T. (1975) - *Ecologic Simulation for Aquatic Environments*. Chapter 12, Systems Analysis and Simulation in Ecology, Vol. III, Academic Press, Inc., New York, USA.

CHENG, R. T.; ET AL. (1976) - *Numerical Models of Wind Driven Circulation in Lakes*. Applied Math. Modeling, Vol.1, pp. 141–159, USA.

CLAY, CHARLES H., (1995) *Design of Fishways and Other Fish Facilities*, Lewis Publishers, London, 1995

COLE, T., CERCO, C. F. (1993) - *Three-Dimensional Eotrophication Model of Chesapeake Bay*, in Journal of Environmental Engineering, Vol 119, No. 6 November/December.

COLE, T. M.; BUCHAK, E. M. (1995) - CE-QUAL-W2: *A Two-Dimensional, Laterally Averaged, Hydrodynamic and Water Quality Model*, Version 2.0, User Manual - Draft version, U.S. Army Engineer Waterways Experiment Station, Vicksburg, Miss., USA.

DIOGO, P. A.; RODRIGUES, A. C. (1997) - *"Two-Dimensional Reservoir Water Quality Modeling Using CE-QUAL-W2"*, IAWQ Conference on Reservoir - Management and Water Supply - an Integrated System, Prague, Check Republic.

DITORO, D. M., ET AL. (1975) - *Phytoplankton - Zooplankton - Nutrient Interaction Model for Western Lake Erie*. Chapter 11, Systems Analysis and Simulation in Ecology, Vol. III, B. C. Patten, Ed., Academic Press, USA.

EBEL, WESLEY J. „*Effects of Atmospheric Gas Supersaturation on Survival of Fish and Evaluation of Proposed Solutions*", NOAA National Marine Fisheries Service, Northwest and Alaska Fisheries Center, Seattle Washington, July, 1979

EDINGER, J. E.; BUCHAK, E. M. (1975) - *A Hydrodynamic, Two-Dimensional Reservoir Model - The Computational Basis*. Rep. to U. S. Corps of Engineers, Ohio River Division, J. E. Edinger & Associates, Inc., USA.

GODTLAND AND TESAKER: *Clogging of Spillways by Trash*, ICOLD R.36, Durban, 1994

Guo J. *Development of Renewable Energy in China -- a Strategy from being Hydropower*-Focused to Balanced Emphasis on both Wind and Water Energies International Conference Green Power VI 2003)

HEC (1978) - *Water Quality for River-Reservoir Systems.* Computer program description, Hydrologic Engineering Center, U. S. Army Corps of Engineers, Davis, California, USA.

HEC (1991) - HEC-6 *Scour and Deposition in Rivers and Reservoirs.* Computer program description, Hydrologic Engineering Center, U. S. Army Corps of Engineers, Davis, California, USA.

HUBER, W. C., ET AL. (1972) - *Temperature Prediction in Stratified Reservoirs.* Journal of the Hydraulics Division, ASCE, Vol. 98, HY4, Paper 8839, pp. 645–666, April.

IMBERGER, J. AND HAMBLIN, P.F. (1982). *Dynamics of lakes, reservoirs and cooling ponds.* Ann. Rev. Fluid Mech. 14, 153–187.

IMBERGER, J. AND PATTERSON, J.C. (1990) *Physical Limnology.* In Advances in Applied Mechanics, ed. Wu, T., Academic Press, Boston, 27, 303–475.

INTERNATIONAL COMMISSION ON LARGE DAMS, (1999), *Dams and Fishes, Review and recommendations,* ICOLD Bulletin 116, Paris, France., September 1999.

IMBERGER, J. ET AL. (1984) - *Reservoir Dynamics Modelling.* Prediction in Water Quality, E. M. O'Loughlin, and P. Cullen eds., 223–248, Australian Acad. of Sci., Canberra, Australia.

JOHANSSON AND CEDERSTROM: *Floating Debris and Spillways,* Water Power'95 Conference, 1995

JØRGENSEN, S. E. (1976) - *A Eutrophication Model for a Lake.* Ecological Modeling, Volume 2, No. 2, pp. 147–165, USA.

KING, I. P., NORTON, W. R., ET AL. (1975) - *A Finite Element Solution for Two-Dimensional Stratified Problems.* Finite Elements in Fluids, John Wiley, Ch. 7, pp. 133–156.

LAL, R. 1994 "*Soil Erosion by Wind And Water, Problems and Prospects*" Erosion Research Methods, Soil and Water Conservation Society Ankery, Iowa

LAM, D. C. L.; SIMONS, T. J. (1976) - *Numerical Computations of Advective and Diffusive Transports of Chloride in Lake Erie*, 1970. J. Fish. Res., Bd. Canada, Vol. 33, pp. 537–549, Canada.

LEENDERTSE, J. (1967) - *Aspects of a Computational Model for Well-Mixed Estuaries and Coastal Seas.* R. M. 5294-PR, The Rand Corporation, Santa Monica, California, USA.

LEVAY J., CARON O., TOURNIER J.P., ARÈS R. "*Assessment of riprap design and performance on the La Grande complex - James Bay, Québec*, congress 18 (DURBAN), 1994, volume I, question 68, report 25, pp. 369–389.

LUKAC M. "*Failure of reservoir banks stability caused by wave abrasion*", congress 14 (RIO DE JANEIRO), 1982, volume III, question 54, R 1, pp. 1–9.

LUTZ, E, PAGIOLA, S AND REICHE, C., 1004 "*Lessons from Economic and Institutional Conservation Projects in Central America and the Caribeans*" World Bank Environmental Paper No 8 Washington D C.

LYNE V. D., (1983) *The Role of Hydrodynamic Process in Planktonic Productivity*, Australian Water Resources Council, Project No 80/119. January 1983

MARKOFSKY, M.; HARLEMAN, R. F. (1973) - *Prediction of Water Quality in Stratified Reservoirs.* Proc. ASCE, Journal of the Hydraulics Division, Vol. 99, No. HY5, May, USA.

MARTIN, J. L. (1988) - *Application of Two-Dimensional Water Quality Model*, in Journal of Environmental Engineering, Vol. 114, n. 2, April.

MASCH, F. D., ET AL. (1969) - *A Numerical Model for the Simulation of Tidal Hydrodynamics in Shallow Irregular Estuaries.* Tech. Rep. HYD 12–6901, Hydr. Eng. Lab., Univ. of Texas, Austin, USA.

NEWBURY, ROBERT W., AND GABOURY MARC N., (1994) *Stream Analysis and Fish Habitat Design*, Newbury Hydraulics Ltd, Gibsons, BC Canada, 1994.

ORLOB, G. T. (1977) - *Mathematical Modeling of Surface Water Impoundments.* Volume I. Resource Management Associates, Lafayette, California, USA.

GUO J. *Development of Renewable Energy in China -- a Strategy from being Hydropower*-Focused to Balanced Emphasis on both Wind and Water Energies International Conference Green Power VI 2003)

HEC (1978) - *Water Quality for River-Reservoir Systems*. Computer program description, Hydrologic Engineering Center, U. S. Army Corps of Engineers, Davis, California, USA.

HEC (1991) - HEC-6 *Scour and Deposition in Rivers and Reservoirs*. Computer program description, Hydrologic Engineering Center, U. S. Army Corps of Engineers, Davis, California, USA.

HUBER, W. C., ET AL. (1972) - *Temperature Prediction in Stratified Reservoirs*. Journal of the Hydraulics Division, ASCE, Vol. 98, HY4, Paper 8839, pp. 645–666, April.

IMBERGER, J. AND HAMBLIN, P.F. (1982). *Dynamics of lakes, reservoirs and cooling ponds*. Ann. Rev. Fluid Mech. 14, 153–187.

IMBERGER, J. AND PATTERSON, J.C. (1990) *Physical Limnology*. In Advances in Applied Mechanics, ed. Wu, T., Academic Press, Boston, 27, 303–475.

INTERNATIONAL COMMISSION ON LARGE DAMS, (1999), *Dams and Fishes, Review and recommendations*, ICOLD Bulletin 116, Paris, France., September 1999.

IMBERGER, J. ET AL. (1984) - *Reservoir Dynamics Modelling*. Prediction in Water Quality, E. M. O'Loughlin, and P. Cullen eds., 223–248, Australian Acad. of Sci., Canberra, Australia.

JOHANSSON AND CEDERSTROM: *Floating Debris and Spillways*, Water Power'95 Conference, 1995

JØRGENSEN, S. E. (1976) - *A Eutrophication Model for a Lake*. Ecological Modeling, Volume 2, No. 2, pp. 147–165, USA.

KING, I. P., NORTON, W. R., ET AL. (1975) - *A Finite Element Solution for Two-Dimensional Stratified Problems*. Finite Elements in Fluids, John Wiley, Ch. 7, pp. 133–156.

LAL, R. 1994 "*Soil Erosion by Wind And Water, Problems and Prospects*" Erosion Research Methods, Soil and Water Conservation Society Ankery, Iowa

LAM, D. C. L.; SIMONS, T. J. (1976) - *Numerical Computations of Advective and Diffusive Transports of Chloride in Lake Erie*, 1970. J. Fish. Res., Bd. Canada, Vol. 33, pp. 537–549, Canada.

LEENDERTSE, J. (1967) - *Aspects of a Computational Model for Well-Mixed Estuaries and Coastal Seas*. R. M. 5294-PR, The Rand Corporation, Santa Monica, California, USA.

LEVAY J., CARON O., TOURNIER J.P., ARÈS R. "*Assessment of riprap design and performance on the La Grande complex - James Bay, Québec*, congress 18 (DURBAN), 1994, volume I, question 68, report 25, pp. 369–389.

LUKAC M. "*Failure of reservoir banks stability caused by wave abrasion*", congress 14 (RIO DE JANEIRO), 1982, volume III, question 54, R 1, pp. 1–9.

LUTZ, E, PAGIOLA, S AND REICHE, C., 1004 "*Lessons from Economic and Institutional Conservation Projects in Central America and the Caribeans*" World Bank Environmental Paper No 8 Washington D C.

LYNE V. D., (1983) *The Role of Hydrodynamic Process in Planktonic Productivity*, Australian Water Resources Council, Project No 80/119. January 1983

MARKOFSKY, M.; HARLEMAN, R. F. (1973) - *Prediction of Water Quality in Stratified Reservoirs*. Proc. ASCE, Journal of the Hydraulics Division, Vol. 99, No. HY5, May, USA.

MARTIN, J. L. (1988) - *Application of Two-Dimensional Water Quality Model*, in Journal of Environmental Engineering, Vol. 114, n. 2, April.

MASCH, F. D., ET AL. (1969) - *A Numerical Model for the Simulation of Tidal Hydrodynamics in Shallow Irregular Estuaries*. Tech. Rep. HYD 12–6901, Hydr. Eng. Lab., Univ. of Texas, Austin, USA.

NEWBURY, ROBERT W., AND GABOURY MARC N., (1994) *Stream Analysis and Fish Habitat Design*, Newbury Hydraulics Ltd, Gibsons, BC Canada, 1994.

ORLOB, G. T. (1977) - *Mathematical Modeling of Surface Water Impoundments*. Volume I. Resource Management Associates, Lafayette, California, USA.

ORLOB, G. T. (Ed.) (1983) - *Water Quality Modeling: Streams, Lakes and Reservoirs*. IIASA State of the Art Series, Wiley Interscience, London.

PATTERSON, D. J., ET AL. (1975) - *Water Pollution Investigations: Lower Green Bay and Lower Fox River*. Rep. to EPA, Contr. No. 68-01-1572, USA.

PETTS, G. E. (1984) - *Impounded Rivers - Perspectives for Ecological Management*. John Wiley & Sons.

RODRIGUES, A. C. (1992) – *Reservoir water quality mathematical modelling*, Ph.D. Thesis, New University of Lisbon, Faculty of Sciences and Technology, Lisbon, Portugal (in portuguese).

ROOD, NIELSEN AND HUGHES, *Estimating Quantities of Organic Debris Entering Reservoirs in British Columbia*, Canada, Water Power '93 Conference, 1993

RUNDQVIST: (2006), *Debris in Reservoirs and Rivers*. Dam Safety Aspects, CEATI Canada, 2006

SCHMOCKER L, HAGER WH (2011), *Probability of drift blockage at Bridge decks*, Journal of Hydraulic Engineering, p470–490.

SCHUMM, S. A, HARVEY, M. D AND WATSON, C. C 1988 "*Incised Channels; Morphology, Dynamics and Control*" W. R. Publications, Littleton, Colo.

SIMONS, T. J. (1973) - *Development of Three-Dimensional Numerical Models of the Great Lakes*. Scientific Series No. 12, Inland Waters Directorate, Canada Centre for Inland Waters, Burlington, Ontario, Canada.

SIMONS, T. J., ET AL. (1977) - *Application of a Numerical Model to Lake Vanern*. Swedish Meteorological and Oceanographic Inst., NrRH09, Suécia.

SNODGRASS, W. J.; O'MELIA, C. R. (1975) - *A Predictive Phosphorus Model for Lakes - Sensitivity Analysis and Applications*. Environmental Science and Technology, USA.

SODAL: *Blockage of spillways* (in Norwegian) Tilstoppning av flomlop, Temamote vedr. dammer. Avledning av ekstreme flommer, NNCOLD, April 1991

SVENDSEN: *Flood Discharge at Dams* (in Norwegian), Flomavledning ved dammer, Erfaringer fra oktoberflommen 1987, NVE report No V18

TARIQ, S.M., *Environmental Monitoring of Tarbela Reservoir*, Q69, R24, ICOLD 18th Congress on Large Dams, Durban, 1994

TENNESSEE VALLEY AUTHORITY (1972) - *Heat and Mass Transfer Between a Water Surface and the Atmosphere*. Engineering Lab Report, No. 14, April, USA.

THOMANN, R. V., ET AL. (1975) - *Mathematical Modeling of Phytoplankton in Lake Ontario*. National Environment Research Center, Office of Research and Development, EPA, Corvallis, Oregon, USA.

USACE (1976), "*Dissolved Gas Abatement - Phase 1*", US Army Corps of Engineers, Portland District, Walla Wall District Technical Report, April, 1976

USACE (1984), "*Spillway Deflectors at Bonneville, John Day and McNary Dams on Columbia River, Oregon-Washington and Ice Harbor, Lower Monumental and Little Goose Dams on Snake River, Washington*", US Army Corps of Engineers Technical Report No. 104-1, Hydraulic Model Investigation, Division Hydraulic Laboratory, USACE North Pacific Division, Bonneville, Oregon, Sept., 1984

VERMEYEN, TRACY, (1997) – *The use of Temperature Control Curtains to Control Reservoir Release Temperatures*, Report No R-97–09, Water Resources Research Laboratory, Technical Services Centre, Bureau of Reclamation, Denver Colorado, USA.

VOLLENWEIDER, R. A. (1975) - *Input-Output Models with Special Reference to the Phosphorus Loading Concept in Limnology*. Schweiz. Z. Hydrol., 37 :53–83, Switzerland.

WATER RESOURCES ENGINEERS, W.R.E. (1968) - *Prediction of Thermal Energy Distribution in Streams and Reservoirs*. Report to California Dept. of Fish and Game, WRE, Walnut Creek, California, USA.

ORLOB, G. T. (Ed.) (1983) - *Water Quality Modeling: Streams, Lakes and Reservoirs*. IIASA State of the Art Series, Wiley Interscience, London.

PATTERSON, D. J., ET AL. (1975) - *Water Pollution Investigations: Lower Green Bay and Lower Fox River*. Rep. to EPA, Contr. No. 68-01-1572, USA.

PETTS, G. E. (1984) - *Impounded Rivers - Perspectives for Ecological Management*. John Wiley & Sons.

RODRIGUES, A. C. (1992) – *Reservoir water quality mathematical modelling*, Ph.D. Thesis, New University of Lisbon, Faculty of Sciences and Technology, Lisbon, Portugal (in portuguese).

ROOD, NIELSEN AND HUGHES, *Estimating Quantities of Organic Debris Entering Reservoirs in British Columbia*, Canada, Water Power '93 Conference, 1993

RUNDQVIST: (2006), *Debris in Reservoirs and Rivers*. Dam Safety Aspects, CEATI Canada, 2006

SCHMOCKER L, HAGER WH (2011), *Probability of drift blockage at Bridge decks*, Journal of Hydraulic Engineering, p470–490.

SCHUMM, S. A, HARVEY, M. D AND WATSON, C. C 1988 "*Incised Channels; Morphology, Dynamics and Control*" W. R. Publications, Littleton, Colo.

SIMONS, T. J. (1973) - *Development of Three-Dimensional Numerical Models of the Great Lakes*. Scientific Series No. 12, Inland Waters Directorate, Canada Centre for Inland Waters, Burlington, Ontario, Canada.

SIMONS, T. J., ET AL. (1977) - *Application of a Numerical Model to Lake Vanern*. Swedish Meteorological and Oceanographic Inst., NrRH09, Suécia.

SNODGRASS, W. J.; O'MELIA, C. R. (1975) - *A Predictive Phosphorus Model for Lakes - Sensitivity Analysis and Applications*. Environmental Science and Technology, USA.

SODAL: *Blockage of spillways* (in Norwegian) Tilstoppning av flomlop, Temamote vedr. dammer. Avledning av ekstreme flommer, NNCOLD, April 1991

SVENDSEN: *Flood Discharge at Dams* (in Norwegian), Flomavledning ved dammer, Erfaringer fra oktoberflommen 1987, NVE report No V18

TARIQ, S.M., *Environmental Monitoring of Tarbela Reservoir*, Q69, R24, ICOLD 18th Congress on Large Dams, Durban, 1994

TENNESSEE VALLEY AUTHORITY (1972) - *Heat and Mass Transfer Between a Water Surface and the Atmosphere*. Engineering Lab Report, No. 14, April, USA.

THOMANN, R. V., ET AL. (1975) - *Mathematical Modeling of Phytoplankton in Lake Ontario*. National Environment Research Center, Office of Research and Development, EPA, Corvallis, Oregon, USA.

USACE (1976), "*Dissolved Gas Abatement - Phase 1*", US Army Corps of Engineers, Portland District, Walla Wall District Technical Report, April, 1976

USACE (1984), "*Spillway Deflectors at Bonneville, John Day and McNary Dams on Columbia River, Oregon-Washington and Ice Harbor, Lower Monumental and Little Goose Dams on Snake River, Washington*", US Army Corps of Engineers Technical Report No. 104-1, Hydraulic Model Investigation, Division Hydraulic Laboratory, USACE North Pacific Division, Bonneville, Oregon, Sept., 1984

VERMEYEN, TRACY, (1997) – *The use of Temperature Control Curtains to Control Reservoir Release Temperatures*, Report No R-97–09, Water Resources Research Laboratory, Technical Services Centre, Bureau of Reclamation, Denver Colorado, USA.

VOLLENWEIDER, R. A. (1975) - *Input-Output Models with Special Reference to the Phosphorus Loading Concept in Limnology*. Schweiz. Z. Hydrol., 37 :53–83, Switzerland.

WATER RESOURCES ENGINEERS, W.R.E. (1968) - *Prediction of Thermal Energy Distribution in Streams and Reservoirs*. Report to California Dept. of Fish and Game, WRE, Walnut Creek, California, USA.

4. IMPACTS EN AVAL DES GRANDS BARRAGES

4.1. INTRODUCTION

Erreur! Signet non défini.Les écosystèmes fluviaux constituent d'importants milieux de biodiversité ; les eaux douces contiennent en effet une proportion relativement élevée d'espèces, même plus que d'autres milieux par unité de surface ; 10% de plus que la terre et 150% de plus que les océans. Si à peine environ 45 000 espèces d'animaux, plantes et micro-organismes d'eau douce ont été décrites et nommées scientifiquement, on estime qu'un million d'espèces supplémentaires restent encore à être nommées.

Les changements intervenus dans les processus écologiques, découlant des modifications du régime des débits, peuvent avoir de profondes incidences sociales et économiques sur les populations qui dépendent des ressources naturelles et sur les fonctions d'écosystème des plaines inondables et zones humides pour maintenir leurs moyens de subsistance.

Les composantes de l'écosystème ne sont pas isolées, mais interdépendantes. Les insectes fournissent de la nourriture aux poissons ; les feuilles qui tombent des arbres indigènes fournissent les bons aliments au bon moment aux insectes ; les plantes stabilisent les berges, en contrôlant l'apport de sédiments dans le cours d'eau, protégeant ainsi les frayères, les aires de nourriture, les branchies et les œufs. Lorsque les courants ont une incidence sur l'une de ces composantes, les effets se font sentir dans l'ensemble de l'écosystème.

Dans les années 70, des craintes ont commencé à être exprimées au sujet des grands barrages, la pensée contemporaine considérant que dans le cadre de la gestion intégrée des ressources en eau, le bassin versant constitue l'unité de base logique pour la planification et la gestion de l'eau.

L'analyse de l'exploitation de 45 000 grands barrages dans le monde et des infrastructures associées (systèmes d'irrigation et d'approvisionnement en eau) montre que l'efficacité opérationnelle peut être améliorée par des opérations de mise à niveau et de modification. Les pays recourent également à l'option de mise hors service de certains barrages quand ils auront atteint la fin de leur vie utile, ou lorsque leurs impacts environnementaux auront été jugés inacceptables [20].

4.2. ECOSYSTEMES FLUVIAUX

4.2.1. L'interconnectivité des écosystèmes

Toutes les parties de l'écosystème des cours d'eau sont interconnectées. La perturbation d'une partie va en effet créer une réaction plus ou moins importante sur une grande partie du système. Un grand barrage peut par exemple arrêter la migration des poissons depuis le lit en aval vers les frayères dans le cours supérieur, avoir une incidence sur la pêche marine à l'autre extrémité du système et supprimer les inondations nécessaires pour maintenir la végétation des plaines inondables sur le tronçon médian du cours d'eau utilisé à des fins de subsistance. Le défrichement de la végétation des berges peut conduire à l'effondrement de ces dernières, à une augmentation des charges sédimentaires du cours d'eau, à l'obstruction des branchies des poissons et à l'enfouissement des frayères, ainsi qu'à une réduction de la durée de vie dans les réservoirs en aval. La gestion des cours d'eau et de leurs débits doit donc impliquer la prise en considération de toutes les réactions probables du cours d'eau à une perturbation planifiée.

DOI: 10.1201/9781351033626-4

4.   DOWNSTREAM IMPACTS OF LARGE DAMS

4.1.   INTRODUCTION

Riverine ecosystems are important centres of biodiversity; freshwaters support a relatively high proportion of species, and more per unit area than other environments; 10% more than land and 150% more than oceans. While only about 45,000 species of freshwater animals, plants microorganisms have been scientifically described and named, it is estimated that an additional million species remain to be named.

Changes in ecological processes, arising as a consequence of the change in flow regime, can have profound social and economic repercussion for people dependent on the natural resources and ecosystem functions of floodplains and wetlands to sustain their livelihoods.

The ecosystem components do not exist in isolation, but are interdependent. Insects provide food for fish; leaves falling from native trees provide the right food at the right time for the insects; plants stabilize banks, controlling sediment inputs into rivers, and so protecting spawning and feeding grounds, gills and eggs. As flow impacts any of these components, the effects are felt throughout the ecosystems.

In 1970s concerns about large dams began to be raised, contemporary thinking regarding integrated water resources management strongly supports the river basin as the logical basic unit for water planning and management.

Analysis of the operation of the world's 45.000 large dams and their associated infrastructure (e.g. irrigation, water supply systems) shows that operational efficiencies can be improved by upgrading and modifying operations. Countries also are exercising the option to de-commission some dams when they have reached the end of their useful lives, or their environmental impacts have been judged unacceptable [20].

4.2.   RIVER ECOSYSTEMS

4.2.1.   Ecosystem Interconnectivity

All parts of a river ecosystem are inter-connected. Disturbance to one part will create a greater or lesser response over much of the system. For instance, a large in-channel dam can stop migration of fish to spawning grounds in the headwaters, impact a marine fishery at the other end of the system, and eradicate the floods needed to maintain floodplain vegetation in the middle reaches that is used for subsistence. Clearing bank vegetation can lead to bank collapse, increased sediment loads in the river, clogged fish gills and blanketing of spawning grounds, as well as reduced life of downstream reservoirs. Management of rivers and their flows should thus involve consideration of all likely responses of the river to a planned disturbance.

4.2.2. Les régimes des débits

Le schéma du régime des débits d'un cours d'eau correspond à la variation dans le temps de ces débits avec des débits élevés et des débits faibles. Le régime des débits diffère d'un cours d'eau à l'autre, en fonction des caractéristiques des bassins versants et du climat local, même si des tendances régionales se dégagent. Les différentes caractéristiques du débit d'un cours d'eau jouent un rôle essentiel dans la conservation du système fluvial, les modifications de ce régime ayant une incidence sur son écosystème ; par conséquent, les efforts doivent avoir pour objectif d'éviter les changements indésirables dus à la réponse du cours d'eau ou d'essayer de prévoir les changements potentiels et de les gérer.

Les hydrologues reconnaissent que les divers éléments du régime d'écoulement jouent différents rôles dans le maintien en l'état d'une rivière dont les débits variables (faibles, petites et grandes crues), peuvent être décrits comme suit :

Les faibles débits sont les débits quotidiens qui se produisent en dehors des pics de grand débit. Ils définissent le caractère saisonnier de base du cours d'eau : ses périodes sèches et humides et son degré de pérennité. Les différentes variations de faible débit lors des saisons sèches et humides créent des habitats plus ou moins humides et différentes conditions hydrauliques et de qualité de l'eau, qui influent directement sur l'équilibre des espèces tout au long de l'année.

Les barrages peuvent stocker de faibles débits en saison humide, pour les relâcher en aval en saison sèche. Ce faisant, le cycle saisonnier des étiages peut être partiellement ou totalement inversé, ce qui perturbe sérieusement les conditions nécessaires à la réalisation des cycles de vie. Les plantes aquatiques qui ont besoin de faire pousser des fleurs au-dessus de la surface de l'eau en saison sèche pour la pollinisation peuvent ne pas être en mesure de le faire, d'où une disparition progressive des espèces. Les insectes aquatiques qui sont programmés pour naître, voler, s'accoupler et pondre des œufs dans le cours d'eau durant les mois où le débit est généralement calme, peuvent être obligés de naitre dans des eaux turbulentes avec des vitesses rapides et donc mourir. S'ils peuvent s'adapter pour naître dans les mois où les débits ont des vitesses plus faibles ils peuvent rencontrer des températures de l'air inappropriées ou ne trouver aucune nourriture et donc mourir.

Dans certains cours d'eau, les faibles débits en saison sèche sont périodiquement totalement supprimés par la construction de barrages ou les prélèvements directs. Ces milieux vont perdre leurs poissons et d'autres formes de vie du cours d'eau seront considérablement réduites en diversité et en nombre car la plupart ne peuvent pas faire face aux périodes de dessèchement, même pendant quelques heures.

Dans les cours d'eau non pérennes, les barrages ou autres prélèvements peuvent arrêter le mouvement des eaux souterraines le long du chenal, tuant ainsi de vieux arbres riverains. C'est ce qui s'est passé dans la rivière Luvhuvhu au Parc national Kruger (qui devrait être une rivière pérenne). C'est ce qui pourrait advenir pour les zones arborées le long des cours d'eau qui traversent d'est en ouest la Namibie et qui abritent les grands mammifères du désert et des populations autochtones locales [3].

Les petites et moyennes crues sont généralement d'une grande importance écologique dans les zones semi-arides en saison sèche. Elles mobilisent les petits sédiments et contribuent à la variabilité des écoulements, stimulent la ponte des poissons, chassent les eaux de mauvaise qualité. Elles redéfinissent un large éventail de conditions dans la rivière et déclenchent et synchronisent des activités aussi variées que les migrations de poissons en amont et la germination des semis riverains.

Les petites et moyennes crues peuvent être complètement stockées dans des réservoirs. Elles ont un effet supposé ou connu en procédant à un grano-classement des sédiments fluviatiles, en maintenant la diversité physique (et donc biologique), en déplaçant les sédiments le long de la rivière, en maintenant les points hauts et bas du lit (les faibles débits ne peuvent pas le faire et les débits très élevés peuvent apporter au cours d'eau plus de sédiments qu'ils n'en éliminent), et en contribuant à maintenir et à contrôler le développement de la végétation des rives comme les lits de roseaux, à créer les frayères, à garantir une profondeur d'eau suffisante pour les migrations de poissons le long du cours d'eau et à améliorer la qualité de l'eau pendant les mois secs.

4.2.2. The parts of flow regime

The flow regime is the pattern and timing of high and low flows in a river. Each river's flow regime is different, depending on the characteristics of its catchments and the local climate, although regional trends do emerge. The different river flow characteristics play an essential role in river system conservation, manipulations of the flow regime will affect the river ecosystem; therefore, the efforts should be focused to avoid these unwelcome changes as the river responds or trying to predict the potential changes and managing them.

River ecologists recognise that different parts of the flow regime play different roles in maintaining a river of which, low flows, small floods, large floods and variable flow, which can be described as follows:

The low flows are the daily flows that occur outside of high-flow peaks. They define the basic seasonality of the river: its dry and wet seasons, and degree of perenniality. The different magnitudes of low-flow in the dry and wet seasons creatwetteded habitat and different hydraulic and water-quality conditions, which directly influence the balance of species at any time of the year.

Dams may store low flows during the wet season, for release downstream in the dry season. In doing so, the seasonal pattern of low flows may be partially or wholly reversed, eradicating conditions needed for life cycles to reach completion. Aquatic plants that need to push flowers above the water surface in the dry season for pollination may be unable to and so gradually species disappear. Aquatic insects that are programmed to emerge during months when flow is usually quiet, to fly, mate and lay eggs in the river, may be forced to emerge in fast turbulent water, and so die. If they can adapt to emerge in months when flows are slower, they may meet unsuitable air temperatures or find no food, and so still die.

In some rivers, dry-season low flows are periodically completely eradicated by damming or direct abstraction. Such reaches will lose their fish, and other river life will be drastically reduced in diversity and numbers because most cannot cope with periods of drying out, even for a few hours.

In ephemeral rivers, dams or other abstractions may halt the movement of groundwater along the channel, killing ancient riparian trees. This has happened in the Luvhuvhu River, Kruger National Park (which should be a perennial river) and could happen to the linear oases of trees along the rivers flowing east to west across Namibia that support the large desert mammals and local indigenous peoples [3].

Small and medium floods are usually of great ecological importance in semi-arid areas in the dry season. They mobilise smaller sediments and contribute to flow variability, stimulate spawning in fish, flush out poor-quality water. They re-set a wide spectrum of conditions in the river, triggering and synchronising activities as varied as upstream migrations of fish and germination of riparian seedlings.

Small and medium floods may be completely stored in reservoirs. These floods are thought or known to sort riverbed sediments, maintaining physical (and therefore biological) diversity, move sediments along the river, maintaining bars and riffles (low flows cannot do this, and very high flows may bring more sediments into the river than they remove), help maintain and control the spread of marginal vegetation such as reed beds, trigger fish spawning provide depth of water for fish migrations along the river, and enhance water quality during the dry months.

Une fois le réservoir plein, ces crues provoquent des déversements du barrage. Cela peut ne pas se produire jusqu'à tardivement dans la saison des pluies et être ainsi d'une utilité limitée pour le maintien de l'écosystème. Les poissons qui, suite à ces déversements, ont été amenés à frayer en fin de saison donneront par exemple de jeunes poissons qui peuvent ne pas être suffisamment développés pour survivre à la saison défavorable à venir. Cela peut se produire naturellement, mais lorsque cela se produit année après année, les espèces de poissons ainsi touchées déclinent et peuvent disparaître. Les petites et moyennes crues peuvent être lâchées à partir du barrage pour encourager le frai précoce, mais il faut savoir que toute réduction du nombre de crues (auparavant une quinzaine par an, aujourd'hui deux par an suite aux lâchers du barrage) se traduit par un risque plus élevé de déclin du nombre de poissons. Cela est dû au fait que les poissons ont moins de chances de se reproduire et qu'il y a moins de lots de jeunes poissons à survivre dans des conditions défavorables et sporadiques comme des vagues de froid, des déversements toxiques ou des travaux dans le lit du cours d'eau.

Les grandes crues déclenchent bon nombre de mêmes réactions que les petites crues, mais favorisent en outre des débits d'affouillement qui influent sur la forme du lit. Elles mobilisent de gros éléments et déposent du limon, des nutriments, des œufs et des graines sur les plaines inondables. Elles inondent les marigots et les canaux secondaires et induisent une prolifération de nombreuses espèces. Elles maintiennent les niveaux d'humidité des berges, inondent les plaines et nettoient les estuaires, maintenant ainsi des liens avec la mer.

Les grandes crues qui surviennent sur des bases infra-annuelles sont supposées :

- Maintenir les zones d'arbres qui peuvent s'étendre sur des dizaines à des centaines de mètres sur chaque berge ;

- Nettoyer les chenaux, en maintenant leur capacité à évacuer les eaux des crues ;

- Nettoyer les lits de rivières, en les débarrassant des substrats et en chassant les matériaux fins qui obstruent les zones de frayage et les aires d'alimentation ;

- Eliminer la végétation qui envahit le lit de la rivière et les berges pour renforcer la diversité des espèces.

Les grandes crues revêtent une importance majeure en ce qui concerne les changements géomorphologiques qu'elles apportent, qui peuvent ne pas être directement 'bien accueillis' par les plantes et la faune aquatiques. Les poissons, par exemple, doivent chercher refuge pour se protéger des grandes crues. Ces crues sont essentielles et agissent comme des agents réorganisateurs de la rivière, mais elles décapent cependant la couche de protection visqueuse sur les rochers, renouvellent les habitats et éliminent les espèces âgées et malades. Parmi les autres fonctions importantes des grandes crues figurent l'inondation des plaines inondables et le curage des estuaires, notamment en maintenant ouverte leur embouchure. Ces deux zones, qui présentent une forte productivité et diversité, sont très importantes pour la population et pour la faune.

Il est souvent affirmé que les barrages ne peuvent pas maîtriser les grandes crues qui conduisent à un déversement. Ils peuvent cependant aussi réduire la taille de ces crues de sorte que celles qui reviennent en moyenne tous les deux ans ne pourront donner un déversement équivalent de la même ampleur qu'une seule fois tous les cinq à dix ans.

4.2.3. La variabilité des écoulements

La variation de débit des écoulements change constamment les conditions en aval au fil des jours et des saisons, en créant des mosaïques de zones inondées et exondées pendant des durées variables. L'hétérogénéité physique qui en découle détermine la répartition locale des espèces : une diversité physique plus élevée améliore la biodiversité.

Sometimes such floods spill over the dam wall once the reservoir is full. This may not happen until late in the wet season, and so be of limited use for ecosystem maintenance. Fish triggered by spills to spawn late in the season, for instance, will produce juveniles that may not be sufficiently developed to survive the coming adverse season. This can happen naturally, but when it is managed to happen year after year, the fish species so affected will decline and could disappear. Small and medium floods could be released from the dam to encourage early spawning, but with recognition that any reduction in the numbers of floods (e.g. used to be 15 per year, now two per year released from the dam) translates into a higher risk of the fish numbers declining. This is because the fish have fewer chances to spawn, and there are fewer batches of young to survive sporadic adverse conditions such as cold spells, toxic spills or bulldozing of the riverbed.

Large floods trigger many of the same responses as do the small ones, but additionally provide scouring flows influence the form of the channel. They mobilise coarse sediments, and deposit silt, nutrients, eggs and seeds on flood plains. They inundate backwaters and secondary channels, and trigger bursts of growth in many species. They recharge soil moisture levels in the banks, inundate flood plains, and scour estuaries thereby maintaining links with the sea.

The large floods that occur less often than yearly are thought or known to:

- Maintain riparian belts of trees that can be meters to hundreds of meters wide on either bank,

- Scour channels, maintaining their capacity to carry flood water,

- Scour riverbeds, cleansing substrates and flushing fines that clog spawning and feeding grounds,

- Eradicate patches of in-channel and bank vegetation, enhancing diversity as new growth appears.

One major importance of larger floods is through the geomorphological changes they bring, which may not be directly 'welcomed' by the aquatic plants and animals. Fish, for instance, have to seek refuge from them. They are essential as re-setting agents for the river, however, scouring slimy films from rocks, renewing habitats and eradicating old and diseased individuals. Other important functions of large floods are their flooding of floodplains and scouring of estuaries including maintaining an open mouth. Both of these are areas of high productivity and diversity, highly important to people and wildlife.

It is often claimed that dams cannot harness the larger floods, which will spill over. They may well reduce their size, however, so that one's of a magnitude that occurred on average every two years could occur as a spill of that magnitude only once in five to ten years.

4.2.3. Flow Variability

Fluctuating discharges constantly change conditions through each day and season, creating mosaics of areas inundated and exposed for different lengths of time. The resulting physical heterogeneity determines the local distribution of species: higher physical diversity enhance biodiversity.

4.3. BARRAGES ET SYSTEMES FLUVIAUX

4.3.1. Le rôle des barrages

Si l'eau est la vie, les rivières sont ses artères. Les barrages régulent ou détournent les écoulements d'eau à travers ces artères, ce qui a une incidence sur le 'sang de la vie' des populations.

Dans de nombreux pays, les barrages assurent de façon fiable l'approvisionnement en eau et en électricité. Les principaux objectifs des barrages sont :

- Energie hydraulique : globalement, l'énergie hydraulique fournit environ 19% de l'électricité générée (à savoir 2.650 TWh/an). Le potentiel restant économiquement exploitable est de 5.400 TWh/an, dont près de 90% dans des régions à faible revenu.

- Irrigation : près de 30–40% des terres irriguées à travers le monde dépendent des barrages (Commission mondiale des barrages [WCD], 2000), près de 40% de la production des denrées alimentaires viennent de terres irriguées (environ 150 millions d'hectares, soit 17% des terres agricoles). Au cours des 25 prochaines années, il est prévu que près de 90% de la production alimentaire proviennent de terres existantes. Cela signifie qu'il faut doubler la productivité des terres irriguées, particulièrement en Asie et en Afrique.

- Gestion des crues et des sécheresses : près de 2 milliards de personnes vivent dans des zones à haut risque d'inondation. En raison du changement climatique, les scientifiques prévoient une augmentation de la fréquence et de l'intensité des phénomènes météorologiques extrêmes, notamment des crues et des sécheresses. Les barrages peuvent jouer un rôle important dans les stratégies visant à s'adapter au changement climatique en stockant de l'eau et en régulant les débits.

- Eau potable.

Tableau 4.1.
Répartition mondiale des objectifs des barrages [10]

Irrigation seulement	37%
Usages multiples	22%
Production d'électricité seulement	16%
Approvisionnement en eau seulement	12%
Contrôle des crues seulement	6%
Loisirs seulement	3%
Autres	4%
Total	100%

Malgré tous ces effets positifs, de nombreux projets de barrage ont été abandonnés à cause de divers inconvénients, dont leur envasement total.

4.3.2. L'échelle et la variabilité des impacts

Il existe différents types de barrages, chacun avec ses propres caractéristiques de fonctionnement. De même, des barrages ont été construits dans toutes sortes de conditions, des hauts plateaux aux plaines, des régions tempérées aux régions tropicales, sur des cours d'eau à débit rapide ou lent, dans des zones urbaines ou rurales, etc. La combinaison des types de barrages, de leurs systèmes d'exploitation et des contextes où ils sont situés engendre une large gamme de conditions qui sont spécifiques à chaque site et très variables. Cette complexité rend difficile la généralisation des répercussions des barrages sur les écosystèmes, chaque contexte spécifique pouvant avoir différents types d'incidences et avec différents degrés d'intensité.

4.3. DAMS AND RIVER SYSTEMS

4.3.1. The role of dams

If water is life, rivers are its arteries. Dams regulate or divert the flow through these arteries, affecting the lifeblood of humanity.

In many countries' dams provide reliable supplies of electricity and water. The main purposes of dams are:

- Hydropower: Globally hydropower provides about 19% of electricity generated (That is 2.650 TWh/y). The remaining economically exploitable potential is 5.400 TWh/y, of which about 90% is in the low-income regions (IEA).

- Irrigation: About 30–40% of irrigated land worldwide relies on dams (WCD, 2000), about 40% of food produced is from irrigated land (about 150 million hectares, or 17% of agricultural land). In the next 25 years about 90% of food production is anticipated to come from existing land. This implies a need to double the productivity of irrigated land, particularly in Asia and Africa.

- Flood and drought management: nearly 2 billion people live in areas of high flood risk. Due to climate change, scientists expect that, the frequency and intensity of extreme weather events-including floods and droughts- will increase. Dams can play an important role in strategies to adapt to climate change by storing water and regulating flow.

- Drinking water.

Table 4.1.
Dam's purposes globally distribution [10]

Irrigation only	37%
Multipurpose	22%
Electricity generation only	16%
Water supply only	12%
Flood control only	6%
Recreation only	3%
Other	4%
Total	100%

Despite all these positive effects, many dam projects have fallen into disrepute because of their various drawbacks.

4.3.2. Scale and variability of impacts

There are different types of dams each with their own operating characteristics. Similarly, dams have been built in a wide array of conditions, from highlands to lowlands, temperate to tropical regions, fast flowing to slow flowing rivers, urban and rural areas, etc. the combination of dam types, operating systems, and the contexts where they are located, yields a wide array of conditions that are site specific and very variable. This complexity makes it difficult to generalize about the impacts of dams on ecosystems, as each specific context is likely to have different types of impacts and to different degrees of intensity.

Types de barrages, par ordre d'impact sur les écosystèmes :

- Barrages de stockage : grands réservoirs avec ou sans détournement du cours d'eau,

- Détournements (fil de l'eau) : utilisation avec stockage limité ou sans stockage ; détourne tout ou partie des écoulements du cours d'eau vers les turbines,

- Barrage sur le cours d'eau : stockage de faible niveau ; pas de détournement de la rivière,

- Au fil de l'eau : utilisation du débit avec stockage limité ou sans stockage ; pas de détournement de la rivière.

Outre le type de barrage, les hauteurs des barrages et des zones du réservoir sont extrêmement variables.

4.3.3. Les problèmes liés aux grands barrages

Les effets des barrages sur le cours d'eau en aval comprennent généralement une diminution de l'ampleur, de la fréquence et de la durée des débits de crue, ainsi que de la quantité et de la granulométrie de la charge sédimentaire (Petts et Lewin, 1979). Si ces changements de processus sont d'une ampleur suffisante, ils doivent induire un réajustement de la forme du lit.

Les barrages ont des retombées indirectes sur l'écosystème fluvial en aval en risquant d'entraver les régimes d'écoulement, le transport des sédiments, les régimes thermiques et de qualité de l'eau. Ils peuvent avoir aussi une incidence directe sur l'écosystème en empêchant par exemple le passage des poissons. Les problèmes peuvent donc être résumés comme suit :

- Transformation du régime d'écoulement.

- Impacts sur les régimes d'écoulement.

- Impacts sur les écosystèmes fluviaux.

- Impacts socio-économiques.

Cependant, il est possible de réduire ou d'éliminer les craintes et les impacts par une planification minutieuse et l'instauration de diverses mesures d'atténuation.

4.3.4. La transformation du régime des débits

Les barrages ont un impact sur le cycle hydrologique, car ils remplacent les hauts et bas débits naturels par un régime artificiel. En général, le contrôle des lâchers résultant de la construction de barrages réduit la variabilité des écoulements en aval du barrage. Même si pour les rivières avec de grandes plaines inondables, les barrages peuvent augmenter les pointes de crues, l'ampleur et fréquence de ces dernières sont d'ordinaire réduites. L'effet d'un réservoir sur les débits des crues dépend à la fois de la capacité de stockage du barrage par rapport au volume de débit entrant et de la manière dont le barrage est exploité comme mentionné ci-dessus.

Types of dams, in descending order of impacts on ecosystems:

- Storage dams: large reservoirs with or without river diversions,

- Diversions (run-of-river): uses flow with limited or no storage; diverts all or part of river flow through turbines,

- River barrage: low level storage; no river diversion, and

- Run-of- river: uses flow with limited or no storage; no river diversion.

In addition to dam type the height of dams and their reservoir areas are extremely variable.

4.3.3. Problems associated with large dams

The effects of dams on the river downstream usually include a decrease in both, the magnitude, frequency and duration of flood flows, and, the quantity and calibre of the sediment load (Petts and Lewin 1979). If these process changes are of sufficient magnitude, they should induce a readjustment of channel form.

Dams impact indirectly on the downstream river ecosystem by potentially affecting every part of the flow, sediment, thermal and water-quality regimes. They may also impact the ecosystem directly by, for instance, blocking fish passage. As a result, the problems can be summarised as follows:

- Flow regime transformation.

- Impacts on flow patterns.

- River Ecosystems impacts.

- Socioeconomic impacts.

However, these concerns and impacts can be reduced or eliminated by careful planning, and the incorporation of a variety of mitigation measures.

4.3.4. Flow regime transformation

Dams have an impact on the hydrological cycle, replacing natural high and low flows by an artificial regime. In general discharge control resulting from the damming of rivers reduces flow variability downstream from the dam. Although for major flood plain rivers, dams may increase flood peaks it is normally the case that the magnitude and timing of flood peaks is reduced. The effect of a reservoir on individual flood flows depends on both storage capacity of the dam relative to volume of flow and the way the dam is operated as mentioned above.

La nature des effets hydrologiques varie avec l'objectif du barrage et le régime saisonnier de la rivière. Les barrages ont en effet différentes formes et tailles. Une distinction essentielle entre les types de barrages reflète leur objectif. Les barrages de contrôle des crues exacerbent les effets de modération des débits de pointe, en particulier dans les cours d'eau à régime torrentiel, les barrages hydroélectriques sont conçus pour créer un débit constant à travers des turbines et tendent donc à avoir un effet similaire sur les débits. Toutefois, s'il est prévu de fournir de l'énergie en période de pointe, des variations de débit d'une ampleur considérable peuvent survenir sur de courtes périodes, ces éclusées créant en aval des courants artificiels ou des crues. Les barrages pour l'irrigation provoquent des variations modérées du régime d'écoulement sur une échelle de temps plus grande, en stockant de l'eau lors des saisons à haut débit en vue des périodes de faible débit. Lorsque la capacité de stockage est dépassée, il se produit un déversement, permettant ainsi à certains débits de crue de passer en aval, mais de manière contrôlée et donc atténuée ; les barrages sont souvent conçus pour des fonctionnalités multiples, auquel cas leurs impacts seront une combinaison des formes ci-dessus.

Les réservoirs ayant une grande capacité de stockage par rapport au ruissellement annuel total peuvent exercer un contrôle quasi complet sur l'hydrogramme annuel des débits du cours d'eau en amont. Cependant, même les bassins de rétention de petite capacité peuvent atteindre un haut degré de régulation des débits par une combinaison de la prévision des crues et du régime de gestion. En plus de modifier le régime d'écoulement des rivières, les barrages ont également une incidence sur le volume total des eaux de ruissellement. Ces changements peuvent être temporaires ou permanents. Les modifications temporaires découlent essentiellement du remplissage du réservoir qui peut prendre plusieurs années et dont le stockage dépasse largement le ruissellement annuel moyen. Les changements permanents se produisent pour les raisons suivantes :

- L'eau est prélevée directement pour la consommation humaine et n'est pas réintroduite dans la rivière (pour l'irrigation ou le transfert d'un bassin à l'autre par exemple).

- L'eau du réservoir est éliminée par évaporation.

- Dans certaines conditions géologiques, les pertes d'eau augmentent en aval du barrage.

Plus la distance en aval est grande (la proportion des points de prélèvement non contrôlés augmentant), moins les effets hydrologiques d'un barrage sont importants. La fréquence des affluents en aval du barrage et l'importance relative des cours qui y affluent jouent un grand rôle dans la détermination de la longueur du cours d'eau touchée par une retenue. Dans les pays semi-arides les bassins versants avec des ouvrages de stockage important peuvent ne jamais récupérer leurs caractéristiques hydrologiques initiales même à l'embouchure du fleuve, surtout quand les barrages détournent l'eau pour l'agriculture ou l'approvisionnement en eau des villes.

Les régimes d'écoulement sont le moteur essentiel des variations des écosystèmes aquatiques en aval. Le moment, la durée et la fréquence des crues sont vitaux pour la survie des plantes et des animaux vivant en aval ; par conséquent, les principales modifications des écosystèmes peuvent être observées en cas de régime des crues et de régime de faible débit.

4.3.5. Le régime des crues

Les crues non contrôlées provoquent d'énormes dégâts et leur contrôle est donc souvent une valeur sociale et environnementale ajoutée au crédit des barrages. Les barrages et réservoirs peuvent être efficacement utilisés pour réguler le niveau des rivières et des crues en aval du barrage en stockant temporairement le volume de la crue et en le relâchant plus tard.

The nature hydrological effects vary with the purpose of the dam and the seasonal regime of the river regime of the river. Dams come in many different shape and size. A critical distinction between types of dams reflects their purpose. Dams for flood control exacerbate peak flow moderation effects, particularly in such torrential rivers; hydroelectric dams are designed to create a constant flow through turbines, and therefore tend to have a similar effect on discharge patterns. However, if the intention is to provide power at peak periods, variations in discharge of considerable magnitude can occur over short timescales, such hydropeaking creates artificial freshets or floods downstream. Dams for irrigation cause moderate variations in flow regime on a larger time scale, storing water at seasons of high flow for use at times of low flow. Discharge beyond storage capacity is usually spilled, allowing some flood flows to pass downstream, albeit in routed and hence attenuated form; dams are often designed to have multiple functions, in which case their impacts will be a combination of the above forms.

Reservoirs having a large flood-storage capacity in relation to total annual runoff can exert almost complete control upon the annual hydrograph of the river downstream. However, even small-capacity detention basins can achieve a high degree of flow regulation through a combination of flood forecasting and management regime. In addition to altering the flow regime of rivers, dams also affect the total volume of runoff. These changes may be either temporary or permanent. Temporary changes arise primarily from filling the reservoir, which may take several years where reservoir storage greatly exceeds the mean annual runoff, Permanent changes occur because of:

- Water is removed for direct human consumption and not returned to the river (e.g. for irrigation or interbasin transfer).

- Water is lost from the reservoir through evaporation.

- Under certain geological conditions there are increased transmission losses downstream of the dam.

The hydrological effects of a dam become less significant the greater the distance downstream (i.e. as the proportion of the uncontrolled catchments increases). The frequency of tributary confluences below the dam and the relative magnitude of the tributary streams, play a large part in determining the length of the river affected by an impoundment. Catchments in semi-arid and countries with significant storage may never recover their hydrological characteristics even at the river mouth, especially when dams divert water for agriculture or municipal water supply.

Flow regimes are the key driving variable for downstream aquatic ecosystems. Flood timing duration and frequency are all critical for the survival communities of plants and animals living downstream, therefore, the main forms of flow regime transformation can be observed in case of flood regime and low flow regime.

4.3.5. Flood regime

Uncontrolled floods cause tremendous damage and flood control is therefore often an added social and environmental benefit of dams. Dams and reservoirs can be effectively used to regulate river levels and flooding downstream of the dam by temporarily storing the flood volume and releasing it later.

Un régime des crues radicalement modifié peut aussi avoir des impacts négatifs. Les crues contrôlées peuvent en effet entraîner une réduction de l'alimentation de la nappe souterraine des plaines en aval et une perte des zones humides saisonnières ou permanentes. Des modifications de la morphologie du cours d'eau peuvent découler des changements de la capacité de transport des sédiments des eaux de crue. Cela peut avoir un impact positif ou négatif. En conséquence, une série d'impacts est à prévoir résultant d'un changement du régime des écoulements des cours d'eau ou d'un changement dans la fluctuation de la nappe phréatique en fonction des saisons.

Il convient de noter un autre point critique, car la plupart des barrages modèrent et retardent les crues sortant en aval du barrage en laminant le pic de crue entrant à cause de la retenue. Ces effets peuvent être particulièrement importants lorsque le régime d'écoulement présente des crues soudaines et que les pics sont par exemple courants dans certains cours d'eau de zones tropicales semi-arides comme le Nil après la construction du haut barrage d'Assouan, Le débit sortant du barrage a été entièrement contrôlé et le maximum mensuel de rejet a été réduit de 30%, tandis que le débit mensuel minimum a été augmenté de 40%, ce qui a conduit à de graves conséquences en termes de comportement du fleuve en aval [16].

Il est également important de reconnaître l'interdépendance entre les écoulements de surface et la nappe phréatique ; pendant les périodes de débit élevé, la réalimentation se fait généralement à travers le lit du cours d'eau tandis que les eaux souterraines contribuent souvent aux faibles débits.

4.3.6. Le régime de faible débit

Les débits variables naturels au cours de l'année peuvent présenter quelques inconvénients pour certains usagers, par exemple les débits insuffisants pour la navigation en saison sèche, et ceux entraînant des inondations lors des débits importants de pointe, etc. L'eau peut être stockée à l'aide d'un réservoir pendant les débits de pointe et lâchées en saison sèche, adaptant ainsi l'hydrogramme des eaux rejetées dans le cours d'eau en aval du réservoir.

Une réduction du débit naturel de la rivière avec des écoulements d'eau de mauvaise qualité peut avoir de graves effets négatifs en aval ; des changements du régime de faible débit peuvent avoir des impacts négatifs importants pour les utilisateurs en aval, qui prélèvent de l'eau (systèmes d'irrigation, eau potable) ou utilisent la rivière pour le transport ou l'hydroélectricité.

Les revendications minimales des utilisateurs existants et futurs doivent être clairement identifiées et évaluées par rapport à de faibles débits actuels et futurs. La qualité de l'eau des débits d'étiage est également importante et les faibles débits doivent par conséquent être suffisamment élevés pour assurer une dilution suffisante de polluants. Les grandes variations des faibles débits (± 20%) vont modifier les micro-habitats dont les zones humides constituent un cas particulier. Il est notamment important d'identifier les espèces menacées et de déterminer l'impact des changements sur leur survie. Un exemple est le fleuve Sénégal en aval du barrage de Manantali où l'étendue des zones humides a été considérablement réduite, et où la pêche a diminué et l'irrigation a pratiquement disparu [1].

4.3.7. Les impacts sur les régimes des débits

La réaction des cours d'eau à la régulation des débits et à l'extraction de sédiments est souvent complexe, avec des ajustements du lit variant spatialement et dans le temps ; des relations complexes existent par conséquent entre la forme du lit et les processus. Du fait de la régulation du débit naturel du cours d'eau, une série d'impacts sont attendus en aval par exemple sur la morphologie même du cours d'eau, des plaines inondables et du delta côtier.

Radically altered flood regimes may also have negative impacts. Controlled floods may result in a reduction of groundwater recharge via flood plains and a loss of seasonal or permanent wetlands. Changes to the river morphology may result because of changes to the sediment carrying capacity of the flood waters. This may be either a positive or negative impact. As a consequence, a series of impacts is expected impacts resulting from a change in the flow regime of rivers, or a change in the movement of the water table, through the seasons.

It should be noted that other the critical point is that most dams moderate and delay the incoming flood peak because of the flood-routing effect of the impoundment. Such effects can be particularly significant where river regime is flashy and such peaks are common, for example, some rivers in the semi-arid tropics such as River Nile after constructed High Aswan Dam, The outflow from the dam was completely controlled and the maximum monthly discharge has been reduced by 30%, while the minimum monthly discharge has been increased by 40% which led to serious impacts in terms of river's behaviour downstream [16].

It is also important to recognize the interrelationship between river flows and the water table, during high flow periods; recharge tends to occur through the riverbed whereas groundwater often contributes to low flows.

4.3.6. Low flow regime

The natural varying discharges over the year may have certain disadvantages for certain users, such as too small discharge for navigation in the dry season, flooding during peak discharges, etc. By means of a reservoir water can be stored during the peak discharges and released during the dry season, thus adapting the discharge hydrograph of the river, downstream of the reservoir.

A reduction in the natural river flow together with a discharge of lower quality drainage water can have severe negative impacts on downstream; changes to the low flow regime may have significant negative impacts on downstream users, whether they abstract water (irrigation schemes, drinking supplies) or use the river for transportation or hydropower.

Minimum demands from both existing and potential future users need to be clearly identified and assessed in relation to current and future low flows. The quality of low flows is also important; therefore, low flows need to be high enough to ensure sufficient dilution of pollutants. Large changes to low flows (± 20%) will alter micro-habitats of which wetlands are a special case. It is particularly important to identify any endangered species and determine the impact of any changes on their survival. An example is the Senegal River downstream of the Manantali Dam where the extent of wetlands has been considerably reduced, fisheries havdeclined,ed and recession irrigation has all but disappeared [1].

4.3.7. Impacts on flow patterns

River response to flow regulation and sediment abstraction is often complex, with channel adjustments varying spatially and changing with time, therefore, Complex relationships exist between channel form and processes. Due to that regulation of river's natural flow a series of impacts are expected downstream which can summarize as impacts on river morphology itself, flood plains and costal delta:

En général, la fréquence des débits de crue, l'ampleur et la répartition granulométrique des sédiments constituent le principal contrôle du lit et de la morphologie des plaines inondables. Les réservoirs modifient les processus d'exploitation du système fluvial en aval, en l'isolant des sources de sédiments en amont, en contrôlant les crues et en régulant le régime d'écoulement. Une combinaison unique du climat, de la géologie, de la végétation, de la taille de la retenue et des procédures d'exploitation produit l'effet de n'importe quel barrage individuel sur les processus fluviaux en aval. Un large éventail de réponses géomorphologiques peut être ainsi généré par la régulation du cours d'eau.

Certains changements physiques causés par les barrages sont immédiats et évidents tandis que d'autres sont si graduels qu'ils peuvent passer inaperçus pour les utilisateurs du cours d'eau pendant de nombreuses années. Un exemple de ces effets lents et pas toujours intuitifs est l'arrêt du transport de sédiments, ce qui peut se traduire par l'abaissement du lit du cours d'eau et l'approfondissement du lit comme conséquence du manque de sédiments. Cet enfoncement a des incidences sur la fréquence de l'inondation des plaines, un lit plus profond nécessitant des lâchers plus élevés pour couvrir ses berges et déborder sur la plaine inondable (plaine de l'Amazone).

4.4. IMPACTS DES BARRAGES SUR LA MORPHOLOGIE DES COURS D'EAU EN AVAL

4.4.1. Introduction

Les modifications de la morphologie d'un cours d'eau peuvent avoir des incidences sur les utilisations en aval, en particulier sur la navigation et le captage de l'eau potable, l'industrie et l'irrigation. L'écologie du cours d'eau peut également être touchée.

La capacité et la forme des cours d'eau résultent de son débit, de son lit, des matériaux des berges et des sédiments transportés par le courant. Un cours d'eau qui coule rapidement a plus d'énergie et est en mesure de transporter des charges sédimentaires plus élevées (particules plus grosses et plus nombreuses) qu'un cours d'eau qui coule lentement. Ainsi, les sédiments se déposent dans les réservoirs et dans les deltas où la vitesse d'écoulement diminue. Il est dit d'un cours d'eau qu'il à un régime régulier lorsque la quantité de sédiments transportés par le courant est constante, de sorte que l'écoulement est non érosif et que les sédiments ne se déposent pas. En revanche, l'état du régime change tout au long de l'année avec le changement des débits.

Les principaux impacts des barrages sur la morphologie des cours d'eau comprennent :

- Modification de la concentration de la charge sédimentaire.

- Erosion et sédimentation.

- Modification des caractéristiques du talweg et de la direction des écoulements

- Modification des formes du lit et de sa résistance aux écoulements.

- Dégradation du lit du cours d'eau.

- Modification de la longueur et de la stabilité des rives du cours d'eau.

La réduction des faibles débits et des débits de crue peut modifier de manière significative la morphologie du cours d'eau, en diminuant la capacité de transport de sédiments et en provoquant ainsi une accumulation de sédiments dans les tronçons à vitesse plus lente et éventuellement un rétrécissement du lit principal. L'augmentation des débits aura l'effet inverse. Lorsque l'équilibre sédimentaire change sur une courte distance, peut-être à cause d'un réservoir en amont ou du renouvellement d'une structure de contrôle des sédiments, des changements majeurs de la morphologie locale du cours d'eau peuvent se produire. Les lâchers d'eau non chargés en sédiments à partir de la retenue peuvent entraîner des affouillements et un abaissement général du niveau immédiatement en aval du barrage, soit l'inverse de l'effet escompté avec une baisse générale des débits.

In general, the frequency of flood discharges, the magnitude and particle-size distribution of the sediment load, are the dominant control of channel and floodplain morphology. Reservoirs alter the processes operating in the downstream river system, by isolating upstream sediment sources, controlling floods and regulating the flow regime. A unique combination of climate, geology, vegetation, size of impoundment and operational procedures produce the effect of any individual dam upon the fluvial processes downstream. Hence, a wide range of geomorphological responses can be generated by river regulation.

Some physical changes caused by dams are immediate and obvious while others are so gradual that they may go unrecognized by humans using the river for many years. As an example of these slow and not always intuitive impacts is blocking sediment transport, which can be resulted in lowering of the river bed and deepening of the channel as a consequence of sediment starvation. This channel incision impacts the frequency of floodplain inundation, as the deeper channel requires a higher discharge to overtop its banks and spill out on the floodplain. (i.e. Amazon floodplain).

4.4.   DOWNSTREAM IMPACTS OF DAMS ON RIVER MORPHOLOGY

4.4.1. Introduction

Changes to the river morphology may effect downstream uses, in particular navigation and abstraction for drinking, industry and irrigation. The river ecology may also be adversely affected.

The capacity and shape of rivers result from its flow, the riverbed, bank material and sediment carried by the flow. A fast flowing river has more energy and is able to carry higher sediment loads (both more and larger particles) than a slow moving river. Hence, sediments settle out in reservoirs and in deltas where the flow velocity decreases. A river is said to be in regime when the amount of sediment carried by the flow is constant so that the flow is not erosive nor is sediment being deposited. On the other hand, the regime condition changes through the year with changing flows.

The main impacts of dams on river morphology include:

- Change of sediment load concentration.

- Erosion and sedimentation.

- Changes in the thalweg line and flow direction characteristics.

- Changes in bed forms and resistance to flow.

- River bed degradation.

- Changes in the length and stability of river banks.

Reductions in low flows and flood flows may significantly alter the river morphology, reducing the capacity to transport sediment and thereby causing a build-up of sediments in slower moving reaches and possibly a shrinking of the main channel. Increasing flows will have the reverse effect. Where the sediment balance changes over a short distance, perhaps due to a reservoir or the flushing of a sediment control structure, major changes to the local river morphology are likely to occur. The release of clear water from reservoirs may result in scour and a general lowering of the bed level immediately downstream of the dam, the reverse of the effect that might be expected with a general reduction in flows.

Les effets géomorphologiques des changements de débit et de la sédimentation peuvent être reconnus si les écoulements régulés restent en mesure de déplacer les matériaux du lit du cours d'eau ; l'effet initial est la dégradation en aval du barrage parce que les sédiments entraînés ne sont plus remplacés par des matériaux arrivant de l'amont.

Selon l'érodabilité relative du lit du cours d'eau et des rives, la dégradation peut être accompagnée par un rétrécissement ou un élargissement du lit. La conséquence de la dégradation est une augmentation de la taille des matériaux laissés dans le cours d'eau ; dans de nombreux cas, on observe que le sable est remplacé par du gravier et, dans certains cas, l'affouillement du substratum rocheux est constaté. Dans la plupart des cours d'eau, ces effets sont limités aux premiers kilomètres ou dizaines de kilomètres en aval du barrage. Une dégradation allant jusqu'à 7,5 m de profondeur a été observée sur les grands fleuves (par exemple, le Colorado en aval du barrage Hoover). Plus en aval, une sédimentation accrue (aggradation) peut se produire car les matériaux mobilisés en aval d'un barrage et les matériaux entraînés par les affluents ne peuvent pas être déplacés rapidement à travers le système du lit par les écoulements régulés. L'élargissement du lit est souvent concomitant aux aggradations [9].

Le haut barrage d'Assouan sur le Nil illustre ces changements qui se sont déroulés à la fin de la construction et qui caractérisent encore le comportement du fleuve en aval du barrage, par exemple les concentrations de sédiments sont passées de 3 000 ppm en 1959 à 65 ppm après la construction et le diamètre des matériaux du lit est passé de 0,22 mm avant la construction à (0,23-0,42) mm après et tout indique déjà que les matériaux du lit du fleuve peuvent devenir plus grossiers [16].

Le fleuve Jaune est un autre exemple des changements défavorables du régime fluvial comme le rétrécissement des chenaux dû à la régulation des réservoirs en amont qui entraîne une forte baisse des crues. Au cours de la période allant de 1986 à 2000, sur le cours inférieur du fleuve Jaune, l'exploitation conjuguée des deux réservoirs de Liujiaxia et de Longyangxia et d'autres petits ou moyens réservoirs, a conduit au dépôt de la plupart des sédiments dans le lit principal du fleuve, Cela associé à l'assèchement de la plaine inondable le long du fleuve a provoqué un rétrécissement des chenaux. Le bord de la plaine devient encore plus élevé que le niveau du lit au pied de la digue, formant ainsi "un second cours d'eau perché" (voir Figure 4.1.).

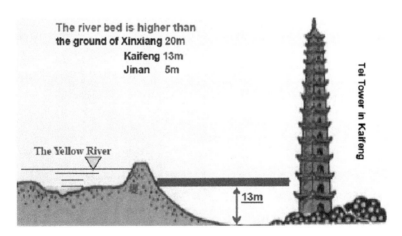

Figure 4.1.
Fleuve Jaune – Cours d'eau suspendu

The riverbed is higher than the ground of	Le lit du fleuve est plus haut que le sol
XINXIANG :	20m
Kaifeng:	13m
Jinan:	5m
The Yellow river	Fleuve jaune
Tei Tower in Kaifeng	Tei Tour à Kaifeng

The geomorphological effects of changes in flow and sediment can be recognized if the post-regulation flows remain competent to move bed material; the initial effect is degradation downstream from the dam, because the entrained sediment is no longer replaced by material arriving from upstream.

According to the relative erodibility of the streambed and banks, the degradation may be accompanied by either narrowing or widening of the channel. A result of degradation is a coarsening in the texture of material left in the streambed; in many instances, a change from sand to gravel is observed and, in some, scour proceeds to bedrock. On most rivers these effects are constrained to the first few kilometres or ten of kilometres below the dam. Degradation of up to 7.5 m has been observed on large rivers (e.g. the *Colorado* below the *Hoover* dam). Further downstream, increased sedimentation (aggradation) may occur because material mobilized below a dam and material entrained from tributaries cannot be moved so quickly through the channel system by the regulated flows. Channel widening is a frequent concomitant of aggradations [9].

High Aswan Dam on river Nile illustrates these changes which occurred after finishing construction and still running on the river's behaviour for instance the sediment concentration was changed from 3000 ppm in 1959 to 65 ppm after construction, as well as diameter of the bed material which increased from 0.22 mm before dam constructed to (0.23-0.42) mm, and there are enough evident showed the fact that reveals the river's bed may get coarser [16].

The Yellow River provides another example of unfavourable changes to the river regime such as shrinking of the river channels due to the regulation of upstream reservoirs made peak floods decrease greatly. In the lower Yellow River during the period 1986~2000, the combined operation of Liujiaxia reservoir, Longyangxia reservoir and other middle or small reservoirs, lead most of the sediment to be deposited in the main river channel. This, together with additional reclamation of flood plain along the river, caused a shrinking of the channels. The lip of floodplain becomes even higher than the bed elevation at the levee toe, forming "a secondary perched river" (see Figure 4.1.).

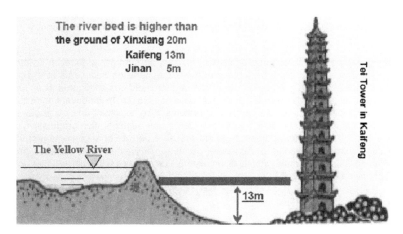

Figure 4.1.
Yellow River – Suspended River

La capacité du cours d'eau pour l'évacuation des eaux et le transport de sédiments a été fortement réduite ; le débit maximal a diminué et est passé de 7 000m³/s en 1985 à 2 600–3 000m³/s actuellement. Le rétrécissement du lit et la surexploitation des eaux en amont ont asséché le cours inférieur du fleuve Jaune en saison sèche et détérioré l'écosystème aquatique. Des phénomènes similaires se sont produits également dans le cours inférieur du Weihe, le plus grand affluent du fleuve Jaune, dans la rivière Haihe et le milieu de la rivière Huaihe [13]. Cependant, avec l'exploitation du réservoir de Xiaolangdi en 2000, le projet de régulation des sédiments et des écoulements est mis en application chaque année. Lors de la saison des crues, un grand courant d'eau non chargée a été relâché dans le lit inférieur du fleuve et la majeure partie du lit a été curée. En dehors de ces périodes, le courant chargé de sédiments, avec une vitesse lente a causé peu de dépôts. Jusqu'en 2012, le lit du chenal a été dragué sur plus de 2 m et le débit d'évacuation a été augmenté pour passer de 4 200~7 000m³/s. Le profil du chenal, qui était large-peu profond, s'est transformé en lit étroit-profond (voir Figure 4.2.).

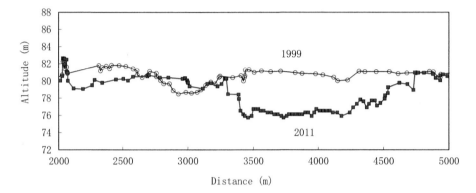

Figure 4.2.
Section transversale caractéristique du cours inférieur du fleuve Jaune

Un impact significatif concerne également en aval du barrage la capacité de transport du cours d'eau ainsi que sa capacité d'adaptation en cas d'apports de sédiments et d' écoulements provenant d'un affluent non régulé, ce qui déclenche fréquemment des changements au niveau du lit à un point particulier le long du cours d'eau en aval de la confluence, le lit pouvant non seulement se réduire et se dégrader mais aussi se déplacer latéralement, remobilisant une partie des sédiments des plaines inondables. La dégradation a été associée à une augmentation progressive de la taille des matériaux du lit. Les autres parties du lit ont présenté peu de changements morphologiques en raison des contraintes décrites ci-dessus, et ce bien qu'il y ait eu aussi chasses des fines et augmentation de la taille des matériaux du lit; un exemple de ce cas est la rivière Hunter en amont du barrage Glenbawn en Australie [5].

4.4.2. Les zones inondables

Dans des conditions naturelles, les sédiments alimentent les zones inondables, créent des dynamiques et maintiennent la variabilité et l'instabilité. Les changements dans le transport des sédiments ont été identifiés comme l'un des impacts les plus importants des barrages sur l'environnement. La réduction du transport des sédiments en aval du cours d'eau a des incidences sur la plaine.

The river capacity for flood conveyance and sediment transport was sharply reduced; the bank full discharge decreased from 7000m³.s-1 in 1985 to 2600–3000m³.s-1 at present. Channel shrinking as well as over abstraction of water upstream, which made the lower Yellow River dry up during the drought season, deteriorated the water ecosystem. Similar phenomena occurred also in the lower Weihe River, the largest tributary of the Yellow River, in Haihe River and the middle Huaihe River [13]. However, with the operation of Xiaolangdi reservor in 2000, the sediment-water regulation project was carried out every year. In the flood season the large clear flow was discharged into the lower river channel and most of the channel was scoured. In non-flood season, the low sediment-laden flow only caused little deposition. Up to 2012, the channel bed has been scoured more than 2m and the bank full discharge has been increased to 4200~7000m³/s. The channel section has transformed from wide-shallow type to narrow-deep type (see Figure 4.2.).

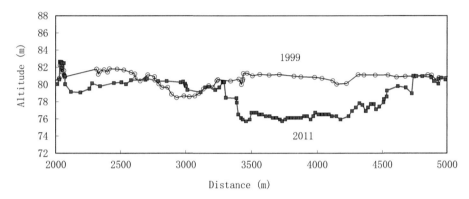

Figure 4.2.
Typical Cross Section of the Lower Yellow River Reach

One significant impact also is river carrying capacity and channelling response downstream the dam when there is sediment injection and runoff from an unregulated tributary, which frequently initiates channel changes at a discrete point along a river downstream of the confluence, the channel may not only contracted and degraded but also migrated laterally, reworking some of the floodplain sediment. Degradation has been associated with a progressive coarsening of the bed material. The remaining cross-section sites have exhibited little morphological change due to the constraints outlined above, although there also has been a winnowing of fines and coarsening of the bed material, an example of such case is river Hunter downstream of Glenbawn Dam in Australia [5].

4.4.2. Floodplains

Under natural conditions sediments feeds floodplains, creates dynamic successions, and maintains variability and instability. Changes in sediment transport have been identified as one of the most important environmental impacts of dams. The reduction in sediment transport in river downstream of has impacts on channel flood plain.

La construction d'un barrage sur un cours d'eau peut modifier le caractère des zones inondables. Dans certaines circonstances, la disparition des matériaux fins en suspension réduit le taux d'accrétion de sorte qu'il faut plus de temps pour la formation de nouvelles plaines inondables et que les sols restent stériles. Dans d'autres circonstances, l'érosion des berges du lit entraîne une perte des zones inondables. Par exemple, entre 1966 et 1973, quelques 230 ha de terres ont été perdus sur 10% de la longueur totale des berges du Zambèze en aval du barrage Kariba. L'érosion a été particulièrement prononcée dans les zones alluvionnaires constituées de matériaux sableux non cohésifs et a été attribuée aux lâchers d'eau claire, au maintien des niveaux artificiels des écoulements, aux fluctuations soudaines des débits et, hors saison, aux crues. Toutefois, dans certains endroits, la réduction de la fréquence des débits de crue et la fourniture de faibles débits stables peuvent encourager le développement de la végétation qui tendra à stabiliser de nouveaux dépôts, à piéger d'autres sédiments et à réduire l'érosion de la plaine inondable. Ainsi, en fonction des conditions spécifiques, les barrages peuvent soit augmenter, soit diminuer les dépôts/l'érosion des plaines inondables [15].

Ainsi, pour le Nil il a été montré que cette réduction significative a affecté des rives du fleuve, sur une longueur totale de 2 409 km en 1950 à 2 048 en 1978, et une autre réduction à 2 035 km en 1988[16].

4.4.3. Les deltas côtiers

Contrairement aux incidences sur la morphologie des cours d'eau et des plaines inondables, où l'aggradation peut se produire, la création de réservoirs sur un cours d'eau se traduit invariablement par une dégradation accrue d'au moins une partie des deltas côtiers, comme conséquence de la réduction de l'apport de sédiments ; l'accrétion lente du delta du Nil en Egypte a par exemple été inversée avec la construction du barrage du delta en 1868. Aujourd'hui, d'autres barrages sur le Nil, notamment le barrage d'Assouan, ont encore réduit la quantité de sédiments atteignant le delta (129 millions de tonnes/an avant 1968 à 94.000.000 tonnes/an). En conséquence, une grande partie du littoral du delta s'érode jusqu'à 5–8 mètres par an, mais dépassant par endroits 240 mètres par an. De même,[16] l'érosion dans une partie du delta du Rufiji, en Tanzanie, qui va jusqu'à 40 mètres par an, est attribuée à la construction de barrages (Horrill, 1993). Les conséquences de la réduction d'apport de sédiments peuvent également se produire sur de longues étendues du littoral érodé par les vagues et qui ne sont plus renforcées par l'apport de sédiments des cours d'eau. Il est estimé que l'ensemble du littoral du Togo et du Bénin s'érode à un taux de 10–15 mètres par an, le barrage d'Akosombo sur le fleuve Volta au Ghana ayant interrompu l'arrivée de sédiments jusqu'à la mer (Bourke 1988). Le Rhône constitue un autre exemple où plusieurs barrages conservent une grande partie des sédiments qui ont été historiquement transportés dans la Méditerranée et qui ont contribué aux processus dynamiques d'accrétion côtière. Il est estimé que ces barrages, ainsi que la gestion du Rhône et de ses affluents, ont réduit la quantité de sédiments transportés par le fleuve, qui est passée de 12 millions de tonnes au 19e siècle à seulement 4–5 millions de tonnes aujourd'hui. Cela a conduit à des taux d'érosion allant jusqu'à 5 mètres par an pour les plages de certaines régions [1].

4.4.4. Les incidences des barrages sur les écosystèmes fluviaux en aval

Il existe différentes classifications pour les composantes des écosystèmes et pour l'interaction entre ces composantes et leurs fonctions. La classification générale des fonctions des écosystèmes peut être regroupée en quatre grandes catégories :

- Fonctions de régulation

- Fonctions d'habitat

- Fonctions de production

- Fonctions d'information

Damming a river can alter the character of floodplains. In some circumstances the depletion of fine suspended solids reduces the rate of overbank accretion so that new floodplains take longer to form, and soils remain infertile. In other circumstances, channel bank erosion results in loss of flood plains. For example, between 1966 and 1973, some 230 ha of land were lost from 10% of the total bank-length of the Zambezi below the Kariba dam. Erosion was particularly pronounced at alluvial sites with non-cohesive sandy bank materials and was attributed to: the release of silt free water; the maintenance of unnatural flow-levels, sudden flow fluctuations, and out –of– season flooding. However, in some places the reduction in the frequency of flood flows and the provision of stable low flows may encourage vegetation encroachment which will tend to stabilize new deposits, trap further sediments and reduce flood plain erosion. Hence, depending on specific conditions, dams can either increase or decrease floodplain deposition/erosion [15].

River Nile, as well, shows this significant reduction was happening in the total length of the riverbank, from 2409 km in 1950 to 2048 in 1978, and a further reduction to 2035 km in 1988 [16].

4.4.3. Coastal Deltas

In contrast to the impact on river and floodplain morphology, where aggradation may occur, impounding river invariably results in increased degradation of at least part of coastal deltas, as a consequence of the reduction in sediment input for example, the slow accretion of the Nile Delta in Egypt was reversed with the construction of the Delta Barrage in 1868. Today, other dams on the Nile including the high Aswan dam have further reduced the amount of sediment reaching the delta from 129 million tons/year before 1968 to 94 million tons/year. As a result much of the delta coastline is eroding at rates up to 5–8 meters per year, but in places this exceeds 240 meters per year. Similarly [16], erosion part of the Rufiji Delta, Tanzania, by up to 40 meters per year, is attributed to the construction of dams (Horrill, 1993). The consequences of reduced sediment may also extend to long stretches of the coastline eroded by waves which are no longer sustained by sediment input from rivers. It is estimated that the entire coastline of Togo and Benin are being eroded at a rate of 10–15 meters per year because the Akosombo dam on the Volta river in Ghana has halted the sediment supply to the sea (Bourke 1988).another example is the Rhone river, where a series of dams retains much of sediment that was historically transported into the Mediterranean and fed the dynamic processes of coastal accretion there. It is estimated that theses dams and associated management of the Rhone and its tributaries have reduced the quantity of sediment transported by the river from 12 million tons in the 19th century to only 4–5 million tons today. This has led to erosion rate of up to 5 meters per year for the beaches in some regions [1].

4.4.4. The impacts of dams on downstream river ecosystems

There are different classifications for the ecosystems components and the interaction between these components and the functions of each. The general classification of ecosystems functions can be grouped into four main categories of which:

- Regulation functions

- Habitat functions

- Production functions

- Information functions

Les barrages sont destinés à modifier la répartition naturelle et le régime des débits des cours d'eau pour répondre aux besoins humains. En tant que tels, ils modifient également les processus essentiels des écosystèmes naturels. Les barrages constituent des obstacles pour les échanges longitudinaux le long des cours d'eau. En modifiant le régime des écoulements en aval (intensité, durée et fréquence), ils changent les régimes de la sédimentation et des nutriments et modifient la température et la chimie de l'eau. Les réservoirs de stockage inondent les écosystèmes terrestres, ce qui tue les plantes terrestres et déplace les animaux. Comme de nombreuses espèces préfèrent les fonds de vallée, une retenue de grande échelle peut éliminer des habitats fauniques uniques et faire disparaître des populations entières d'espèces menacées. Les écosystèmes terrestres dans la zone du réservoir sont remplacés par des habitats lacustres, littoraux et sous-littoraux et la circulation des masses d'eaux pélagiques remplace les régimes d'écoulement des cours d'eau. Par conséquent, il y a des multiples impacts sur l'écosystème naturel dont :

- Des incidences de l'arrêt du transport de nutriments en aval.

- Une activité biologique réduite en aval (avec souvent dans les zones arides, une augmentation de la faune et de la flore).

- Une réduction des crues en aval peut se traduire par une moindre submersion naturelle pour l'agriculture de décrue, une baisse de l'alimentation de la nappe souterraine et une diminution de l'élimination des parasites par les crues naturelles.

- Des incidences sur la quantité d'eau nécessaire au maintien des systèmes écologiques en aval.

- La décomposition anaérobie de la végétation et production de gaz à effet de serre.

- Une dégradation de l'environnement due à la pression accrue sur les terres, comme l'agriculture irriguée, les industries et les zones urbaines.

- Les barrages constituent des obstacles au passage des arbres, des débris flottants, de la glace et des bateaux.

- Une perte d'eau due à l'évaporation.

- Une sismicité induite.

- Un éventuel assèchement des cours d'eau.

Un bon exemple du lien entre les impacts des régimes d'écoulement sur les écosystèmes est le Nil et la problématique des mauvaises herbes aquatiques, observée après la construction du barrage d'Assouan et attribuée à la limpidité de l'eau en raison du blocage des sédiments ; en effet, les eaux devenues claires et libres de matériaux en suspension permettent par conséquent une pénétration plus profonde de la lumière et les mauvaises plantes ont colonisé les canaux d'irrigation, ce qui a conduit à de graves problèmes comme des pertes d'eau et une diminution de l'efficacité de l'irrigation [16].

4.4.5. Les impacts socio-économiques

Le principal rôle des barrages doit prendre en considération le développement durable, ce qui implique non seulement de s'occuper des questions environnementales et sociales, mais aussi des aspects économiques liés aux avantages des barrages.

Du fait que les barrages modifient et détournent les écoulements des cours d'eau, les droits existants et l'accès à l'eau sont affectés, ce qui a des incidences majeures sur les moyens de subsistance et l'environnement.

Dams are intended to alter the natural distribution and timing of stream flow in order to meet human needs. As such, they also alter essential processes for natural ecosystems. Dams constitute obstacles for longitudinal exchanges along rivers. By altering the pattern of downstream flow (i.e. intensity, timing and frequency), they change sediment and nutrient regimes and alter water temperature and chemistry. Storage reservoirs flood terrestrial ecosystems, killing terrestrial plants and displacing animals. As many species prefer valley bottoms, large scale impoundment may eliminate unique wildlife habitats and extinguish entire populations of endangered species. Terrestrial ecosystems in reservoir area are replaced by lacustrine, littoral and sublittoral habitats and pelagic mass-water circulations replace riverine flow patterns. Consequently, there are manifold impacts on the natural ecosystem of which:

- Effects of stopping the flow of nutrients downstream.

- Reduced biological activity downstream (in arid areas often an increase in quantity of flora and fauna).

- Reduction in downstream flooding may result in less natural submergence for flood-recession agriculture, reduction in groundwater recharge and reduction in removal of parasite by natural flooding.

- Impacts on quantity of water needed for maintaining downstream ecology.

- Anaerobic decomposition of vegetation and production of greenhouse gases.

- Environmental degradation from increased pressure on land such as irrigated agriculture, industries and municipalities

- Dams form obstacles to passage of trees, floating debris, ice and ships.

- Water loss due to evaporation.

- Induced seismicity.

- Rivers may dry up.

A good example for the link between changing flow regime, patterns and ecosystems impact is river Nile and aquatic weeds problem, which observed after construction High Aswan Dam and attributed to the clearness of water because of sediment blocking, therefore, water became clear and free of suspensions and consequently allowing deeper penetration of light, which led to serious problems such as water losses and decreasing of irrigation efficiency by convey this weeds to the irrigation canals [16].

4.4.5. Socioeconomic impacts

The main role of dams is considered in the context of sustainable development, this involves dealing not only with environmental and social issues but also economic aspects associated with the benefits of dams.

Since dams alter and divert rivers flows, affecting existing rights and access to water, and resulting in significant impacts on livelihood and environment.

Comme avec d'autres formes d'activité économique, les barrages peuvent avoir des aspects sociaux positifs et négatifs. Les coûts sociaux sont principalement associés à la transformation de l'utilisation des terres dans la zone du projet, ainsi qu'au déplacement des populations vivant dans la zone du réservoir.

La construction de barrages a donc de graves conséquences sur les transformations spatiales et sociales ainsi que sur la dynamique démographique et la santé de la population.

Comme exemple de ces conséquences, la région de Tucurui au Brésil a subi des transformations quantitatives et qualitatives dans sa structure et sa composition démographiques qui sont directement liées aux différentes étapes de planification et de mise en œuvre du complexe hydroélectrique de Tucurui. Avant l'annonce de la construction de ce complexe hydroélectrique et de la série d'interventions de l'Etat à travers des projets de construction routière et d'implantation, la ville la plus peuplée de toute la région était Cometa, avec près de 50.000 habitants. Le reste de la région avait moins de 8.000 habitants. La nouvelle de la construction de ce complexe hydroélectrique a attiré de nombreux migrants, Turcurui en a absorbé une grande partie ; un accroissement appréciable a également été observé à Jacunda et Itupiranga, avec des taux de croissance annuelle de l'ordre de 20,90% et 11,33% respectivement. Globalement, cette région a doublé sa population en moins de dix ans et cette tendance s'est poursuivie, malgré une certaine baisse au cours des décennies suivantes [21].

Il convient de noter que les projets de barrages peuvent représenter une source importante de revenus pour les communautés locales. Les routes d'accès, la disponibilité locale d'électricité et d'autres activités liées au réservoir constituent toutes des sources possibles de développement économique et social durable. Mais il doit y avoir une bonne coopération entre les promoteurs, les autorités, les dirigeants politiques et les collectivités et les avantages à long terme doivent être réservés aux communautés touchées.

4.5. LA COMPLEXITE DES IMPACTS EN AVAL

4.5.1. Les problèmes

Les caractéristiques du cours d'eau, en particulier la fréquence des débits extrêmes, exercent un contrôle important sur tous les paramètres physiques, chimiques et biologiques des écosystèmes fluviaux, riverains et dans de nombreux cas, côtiers en aval de la retenue. Les changements induits par les grands barrages peuvent avoir des retombées sur l'écosystème et les personnes qui en dépendent, sur des dizaines à des centaines de kilomètres en aval.

Les retombées en aval des barrages sont complexes et ont des incidences secondaires et tertiaires sur les écosystèmes aquatiques et les zones inondables. Ces retombées sont rarement répertoriées, sauf par ceux qui doivent y faire face. Il y a relativement peu d'études sur la dégradation en aval après la construction d'un barrage dans le tiers monde. Les retombées peuvent s'étendre sur plusieurs centaines de kilomètres en aval et bien au-delà des limites du lit. Les transformations ou les modifications du régime de débit et de l'environnement du cours d'eau ont un éventail d'effets significatifs sur ces écosystèmes.

Ces impacts entraînent un changement des éléments dynamiques de l'environnement (débits variables du cours d'eau tout au long de l'année et de périodicité interannuelle) plutôt qu'un changement majeur (un lac au lieu d'une terre sèche). La préoccupation majeure est par conséquent la question de l'incertitude. Il y a inévitablement un degré élevé d'incertitude dans la prédiction de la nature des retombées environnementales en aval des barrages dans un lieu donné à un moment donné. Il s'agit principalement de savoir comment transmettre la part d'incertitude aux parties prenantes et aux décideurs et comment mettre au point des cadres de planification qui en tiennent compte.

As with other forms of economic activity, dams can have both positive and negative social aspects. Social costs are mainly associated with transformation of land use in the project area, and displacement of people living in the reservoir area.

Therefore, dams' constructions have serious impacts on the spatial and social changes as well as demographic dynamics and people health.

As an example of such impacts, the region of Tucurui in Brazil has undergone quantitative and qualitative alterations in its demographic structure and composition that are directly related to the various planning and implementation stages of the Tucurui hydropower complex. During the period prior to the announcement of the construction of this hydropower complex and the series of government intervention through road –building and settlement projects, the most heavily populated in the entire region was Cometa, with almost 50,000 inhabitants. The reminder had less than 8,000 inhabitants. News of construction of this hydropower complex drew large inflows of migrants, with Turcurui absorbing a significant portion of them, increasing its population, appreciable growth was also noted at Jacunda and Itupiranga, with annual growth rates of around 20.90% and 11.33% respectively. Overall this region doubled its population in less than ten years, and this trend has continued, despite certain shrinkage during subsequent decades [21].

It should be noted that, dams' projects may represent a significant source of revenue for local communities. The access roads, local availability of electricity and other activities associated with the reservoir are all possible sources of sustainable economic and social development. But there must be good co-operation between proponents, authorities, political leaders and communities, and long-term benefits must be directed to affected communities.

4.5. THE COMPLEXITY OF DOWNSTREAM IMPACTS

4.5.1. The Issues

The river characteristics, in particular the frequency of flow extremes, exert important controls upon every physical, chemical and biological attribute of riverine, riparian and in many instances coastal ecosystems downstream of the impoundment. The changes induced by large dams may affect ecosystem and people who depend on them for tens to hundreds of kilometres downstream.

Downstream impacts of dams are complex and have knock-on secondary and tertiary impacts on aquatic and flood plain ecosystems. These often go unrecorded, except by those left coping with them. There are relatively few studies of downstream degradation following dam construction in the third world. Downstream impacts can extend for many hundred kilometres downstream, and well beyond the confines of the river channel. Transformation or modifications of discharge patterns and stream environments have a range of significant effects on those ecosystems.

These impacts involve a change in a dynamic element of the environment (variable river flows within and between years) rather than gross change (a lake where there used to be dry land). A critical problem therefore is the issue of uncertainty. There is inevitably a high degree of uncertainty in predicting the nature of the downstream environmental impacts of dams at any given point in space and time. A key challenge is how to convey the fact of uncertainty to stakeholders and decision makers, and how to devise planning frameworks that take into account.

Le concept des impacts en aval dans le cas de bassins versants où plusieurs barrages, ou des ensembles de barrages liés, ont été construits, soulève quelques difficultés. Il y a aussi des difficultés conceptuelles lorsque des barrages en amont et en aval sont liés et dépendent les uns des autres pour leur fonctionnement (par exemple en utilisant le stockage des eaux en amont pour les relâcher dans un barrage en aval). Le fleuve Bio-Bio au Chili et le fleuve *Paraná* au Brésil constituent un bon exemple de cette pratique [2].

4.5.2. *Principes pour la prise en compte des impacts en aval*

La plupart des impacts peuvent être gérés par des mesures d'atténuation bien conçues et efficaces. Les recommandations doivent permettre que la prise de décision aboutisse à un résultat plus équilibré, en accordant une importance égale tant aux facteurs environnementaux et sociaux qu'aux facteurs économiques et financiers. Ces recommandations doivent toutefois être appliquées de manière cohérente.

Cinq principes sont proposés ci-après indiquant comment les impacts en aval peuvent être pris en compte par les planificateurs de barrages [2] :

1. L'analyse des impacts du barrage doit être globale sur le plan spatial, social et économique.

2. Un programme pour contrôler et réexaminer périodiquement les impacts de la construction de barrages dans les communautés en aval doit faire partie intégrante du processus de planification et être accompagné de ressources pour l'atténuation des impacts qui ne font pas pleinement l'objet du processus de planification.

3. Toutes les personnes qui dépendent pour leur survie du débit naturel de la rivière et des ressources naturelles qui y sont liées doivent être convenablement indemnisées pour les pertes résultant de la construction du barrage ou figurer parmi les principaux bénéficiaires des avantages générés.

4. Les droits individuels et collectifs des populations riveraines aux ressources naturelles qui seront touchées par le barrage prévu doivent être comptabilisés dans l'évaluation des pertes éventuelles et l'élaboration des mesures d'atténuation, que ces droits soient codifiés ou informels, et qu'ils se rapportent à la propriété ou à l'usufruit.

5. La planification du projet doit permettre la participation des personnes touchées par le développement du projet dans les zones en aval.

En raison du large éventail d'impacts et de leurs conséquences, il est important de trouver une nomenclature commune visant à classer ces impacts en fonction de leurs effets. La Commission mondiale des barrages (WCD) a suggéré la classification suivante :

- Impacts de premier ordre : ce sont les effets abiotiques immédiats qui ont lieu simultanément à la fermeture du barrage et influent sur le transfert des écoulements et des matériaux vers et dans le cours d'eau en aval et sur les écosystèmes connexes en aval (changements de débit, qualité de l'eau et charge sédimentaire).

- Impacts de deuxième ordre : ce sont les changements abiotiques et biotiques dans la structure de l'écosystème en amont et en aval et de la production primaire qui découlent des impacts de premier ordre. Ils dépendent des caractéristiques préalables à la fermeture du barrage (modifications au niveau du plancton) et ces changements peuvent se dérouler sur de nombreuses années.

- Impacts de troisième ordre : ce sont les changements biotiques à long terme résultant de l'effet intégré de tous les changements de premier et de deuxième ordre. Des interactions complexes peuvent avoir lieu sur de nombreuses années avant qu'un nouvel équilibre écologique ne soit atteint.

There are difficulties with the concept of downstream impacts in case of river basins where flights of dams, or linked sets of dams have been built. There are also conceptual difficulties where these upstream and downstream dams are linked and are dependent on each other for their functioning (e.g. using headwater storage and release to a downstream dam). A good example of this is Bio-Bio River in Chile and Parana River in Brazil [2].

4.5.2. Principles for Taking Account of Downstream Impacts

Most of the impacts can be managed through good design and effective mitigation measures. Recommendations should ensure that decision-making results in a more balanced outcome, giving equal weight to environmental and social factors as to economic and financial factors. However, they are yet to be applied in a consistent manner.

Five principles are suggested below that indicate how downstream impacts could be taken into account by dam planners, of which [2]:

1. Analysis of the impacts of dam's impacts should be holistic, in spatial, *social* and economic senses.

2. A program to monitor and periodically re-examine the impacts of dam development in downstream communities should be an integral element of the planning and process and should be matched by resources to mitigate impacts not addressed fully by the planning process.

3. All people who depend on the natural flow of the river and its associated natural resources for their subsistence should be adequately compensated for losses resulting from dam construction or be among the primary recipients of benefits generated.

4. The existing individual and community rights of riverine populations to natural resources to be affected by planned dams should be recognized in assessing potential losses and in devising mitigation measures, whether these rights are codified or informal, whether they relate to ownership or usufruct rights.

5. Project planning should allow for the participation of people affected by project development in downstream areas.

Due to wide range of impacts and its consequences, it's important to find a common classification aims to categorize these impacts depending on their effects, WCD suggested the following classification:

- First order impacts: are the immediate abiotic effects that occur simultaneously with dam closure and influence the transfer of energy and material into and within the downstream river and connected ecosystems (e.g. changes in flow, water quality and sediment load).

- Second order impact: are the abiotic and biotic changes in upstream and downstream ecosystem structure and primary production, which result from first order impacts. These depend upon the characteristics of the prior to dam closure (e.g. changes in plankton,), and these changes may take place over many years.

- Third order impacts: are the long-term biotic changes resulting from the integrated effect of all the first and second order changes. Complex interactions may take place over many years before new ecological equilibrium is achieved.

En termes généraux, la complexité des processus d'interaction augmente des impacts de premier ordre aux impacts de troisième ordre. Le fonctionnement de l'écosystème étant guidé par des variables abiotiques liées à l'hydrologie (en l'occurrence la quantité d'eau et le régime de débit), à la géomorphologie et à la qualité de l'eau, des observations relatives aux composantes de l'écosystème peuvent être utilisées comme indicateurs principaux de l'état de l'écosystème du cours d'eau. Ces changements sont la clé pour comprendre les conséquences écologiques à long terme des barrages car ils sont les mécanismes sous-jacents par lesquels de nombreux habitats sont maintenus.

4.6.   RÉACTIONS DE L'ÉCOSYSTÈME À L'IMPACT DES BARRAGES

L'impact des barrages sur les écosystèmes naturels et la biodiversité a été l'une des principales préoccupations soulevées par les grands barrages. Au cours des 10 dernières années en particulier, des investissements considérables ont été réalisés pour développer des mesures visant à atténuer ces impacts.

L'impact précis d'un quelconque barrage est unique et dépend non seulement de sa structure et de son exploitation, mais aussi de l'hydrologie locale, des processus fluviaux, des apports sédimentaires, des contraintes géomorphologiques, du climat et des principaux attributs des biotes locaux. Il n'y a donc aucune approche normative ou standard pour faire face aux incidences sur les écosystèmes et ceux-ci doivent être examinés au cas par cas. En outre, l'importance attachée à certains changements subis par les écosystèmes variera suivant la nature des sociétés humaines, des cultures et des attentes. Toutefois, pour comprendre les performances d'un barrage, cinq aspects majeurs doivent être pris en considération :

- La performance technique.

- La performance financière et économique.

- La performance environnementale.

- La performance sociale.

- La structure institutionnelle et les processus décisionnels.

Dans ce cadre d'atténuation des effets, de compensation et de restauration, il y a un large éventail de mesures spécifiques qui peuvent être prises selon les conditions spécifiques de chaque barrage.

L'expérience en matière de bonne atténuation des effets est néanmoins soumise à des conditions strictes :

- Une bonne base d'information et un personnel professionnel compétent disponible pour formuler des choix complexes pour les décideurs ;

- Un cadre juridique approprié et des mécanismes d'application ;

- Un processus de coopération avec l'équipe de conception et les parties prenantes ;

- Des ressources financières et des mesures Institutionnelles adéquates.

En l'absence d'une de ces conditions, les valeurs de l'écosystème seront probablement perdues. Dans la pratique, la mesure dans laquelle ces conditions sont remplies varie énormément d'un pays à l'autre et d'un barrage à l'autre.

In general terms the complexity of interacting processes increases from first – to- third order impacts. Since the ecosystem functioning is guided by abiotic steering variables related to hydrology (i.e. water quantity and flow regime), geomorphology and water quality, observations related to these ecosystem components can be used as primary indicators of river ecosystem condition. Such changes are the key to understanding the long-term ecological consequences of dams as they are the underlying mechanisms by which many habitats are maintained.

4.6.   RESPONDING TO THE ECOSYSTEM IMPACTS OF DAMS

The impact of dams upon natural ecosystems and biodiversity has been one of the principal concerns raised by large dams. Over the course of the past 10 years in particular, considerable investments have been made in the development of measures to alleviate the impacts.

The precise impact of any single dam is unique and dependent not only on the dam structure and its operation, but also upon local hydrology, fluvial processes, sediment supplies, geomorphic constraints, climate and the key attributes of the local biota. There is therefore no normative or standard approach to address ecosystem impacts and these have to be looked at one a case by case basis. In addition, the importance attached to some ecosystem changes will vary with the nature of human societies, cultures, and expectations. However, each global review to understand the dam's performance should considered five major headings of which:

- Technical performance.

- Financial and economic performance.

- Environmental performance.

- Social performance.

- Institutional and decision-making processes.

Within this framework of avoidance, mitigation, compensation and restoration, there are a wide range of specific measures that can be taken appropriate to specific circumstances of each dam.

While there is experience of good mitigation, this success is nevertheless contingent upon stringent conditions of:

- A good information base and competent professional staff available to formulate complex choices for decision-makers;

- An adequate legal framework and compliance mechanisms;

- A co-operative process with the design team and stakeholders;

- Adequate financial and institutional resources.

If any one of these conditions is absent, then the ecosystem values will likely be lost. In practice the extent to which these conditions are met varies enormously from country to country and dam to dam.

4.7.   MESURES D'ATTENUATION

4.7.1.   Les options

Les ingénieurs, les environnementalistes et les écologistes ont développé un large éventail de solutions techniques pour réduire les impacts les plus préjudiciables des barrages. Pour les nouveaux barrages, ceux-ci peuvent être conceptualisés dans un cadre hiérarchisé comprenant trois types de mesures :

- Mesures d'atténuation pour réduire les effets indésirables d'un barrage en modifiant son exploitation ou en changeant la gestion des bassins d'alimentation dans lesquels se situe le barrage.

- Mesures pour compenser les effets qui ne peuvent être ni évités ni suffisamment atténués. Les principales approches comprennent la préservation des zones existantes écologiquement importantes et la réhabilitation des terres déjà perturbées autour des réservoirs.

- Mesures préventives visant à éviter les effets indésirables prévisibles qui n'entraînent aucun changement dans le fonctionnement de l'environnement existant d'une zone particulière

Les mesures d'atténuation sont mises en œuvre dans le cadre de la gestion des impacts. Ce processus est accompagné d'un suivi pour vérifier que les impacts sont 'tels que prévus'. Lorsque des impacts ou des problèmes imprévus surviennent, ils peuvent nécessiter des mesures correctives pour les maintenir à un niveau acceptable. Cependant, pour qu'elles réussissent, les mesures d'atténuation requièrent une bonne compréhension des processus complexes et de leur interaction. Les stratégies ont souvent une efficacité limitée et peuvent même entraîner des effets indésirables si des études scientifiques et techniques détaillées ne sont pas préalablement menées.

4.7.2.   Les flux environnementaux

L'établissement de flux environnementaux est en train de devenir une question centrale dans le débat sur la gestion intégrée des ressources en eau des bassins versants. Le terme de flux environnementaux est de plus en plus utilisé. Pour certains, cette expression désigne les lâchers d'eau de barrage qui sont spécifiquement avantageux pour l'environnement, ou les débits permettant d'obtenir un avantage environnemental, ou les débits à l'extrémité d'un système fluvial ou tout débit qui doit être maintenu. Des caractéristiques écologiques importantes peuvent être conservées en limitant le volume, la fréquence et le moment des lâchers d'eau. Les procédures de lâchers dans les plans de partage des eaux de rivières non régulées précisent généralement la manière de procéder.

Dans la zone de régulation d'un cours d'eau, le régime des flux est totalement modifié par le fonctionnement du barrage et la restauration est donc importante. Le principal outil utilisé dans l'atténuation des impacts négatifs en aval des barrages sont les exigences des flux environnementaux (EFE) qui représentent le régime des eaux fournies dans le cours d'eau, les zones humides ou côtières pour maintenir les écosystèmes (pour encourager la migration saisonnière des poissons ou maintenir les zones inondables en aval, par exemple) et leurs avantages où des utilisateurs de l'eau sont en concurrence et où les flux sont régulés. Les caractéristiques des flux environnementaux nécessitent normalement que les lâchers d'eau soient effectués à des moments moins favorables pour d'autres usages de l'eau du barrage, les demandes en eau se produisant fréquemment à des moments différents des débits de crues naturelles.

4.7.   MITIGATION MEASURES

4.7.1. Options

Engineers, environmentalists and ecologists have developed a broad range of technical measures to reduce the most damaging impacts of dams. For new dams these can be conceptualised within hierarchical framework comprising three types of measures:

- Mitigation measures reduce the undesirable effects of a dam by modification of its or operation, or through changes the management of catchments within which dam is situated.

- Measures compensate for effects that can neither be avoided nor sufficiently mitigated. Principle approaches include preservation of existing ecologically important areas and rehabilitation of previously disturbed land either around reservoirs.

- Avoidance measures result in no change to the existing environmental functioning of a particular area by avoiding anticipated adverse effects.

Mitigation measures are implemented as part of impact management. This process is accompanied by monitoring to check that impacts are 'as predicted'. When unforeseen impacts or problems occur, they can require corrective action to keep them within acceptable levels. However, to be successful, mitigation measures require a great deal of understanding of complex processes and their interaction. Strategies are often has limited effectiveness, or may even result in undesirable effects, if detailed scientific and engineering studies are not conducted before hand.

4.7.2. Environmental flows

Provision for environmental flows is currently becoming a central issue in the debate of integrated water resources management in river basins. The term of environmental flows has come into some usage. To some this term applies to releases from dams which are specifically for environmental benefit, or the flow which achieves an environmental benefit, or the flow at the end of a river system, or any flow event which should be protected. Environmentally important characteristics can be maintained by constraining the volume, rate and timing of flow. The flow rules in water sharing plans for unregulated rivers typically specify how this should be done.

In the regulated section of a river the flow regime is totally changed by the operation of the dam, therefore, restoration is important. The principle tool used in mitigation the negative downstream impacts of dams is the environmental Flow Requirements (EFR).which represents the water regime provided within the river, wetland or coastal zone to maintain ecosystem (e.g. to encourage seasonal fish migration or maintenance of flood plains downstream) and their benefits where there are competing water users and where flows are regulated. Environmental flow characteristics normally requires releases of water to be made at times which are less optimal for other uses of water from the dam because water demands frequently occur at different times to natural peak flows.

Les EFE comprennent normalement trois grandes variables hydrologiques : la qualité de l'eau, le débit minimum et les crues artificielles. Recourir aux EFE nécessite une bonne compréhension de la réaction d'un écosystème particulier au changement de débit du cours d'eau et de la qualité de l'eau. Les lâchers de barrage avantageux pour l'écosystème pourront par exemple réduire la production d'hydroélectricité. Il y aura une volonté de réduire les avantages directs du projet en faveur d'un plus grand bien-être social et environnemental indirect.

Les EFE sont de plus en plus appliquées et sont actuellement utilisées dans 25 pays à travers le monde, de nombreux barrages pouvant être gérés différemment pour fournir ou restaurer l'écosystème en aval et des avantages économiques, tout en ne compromettant pas leur fonction d'origine de production d'électricité ou de stockage ou d'approvisionnement en eau ; un exemple est celui d'Itezhi-Tezhi, en Zambie, qui assure la régulation d'une partie du fleuve par la centrale hydroélectrique de Gorge *Kafue* de 900 mégawatts. Le barrage a été achevé en 1977 avec un volume de stockage supplémentaire de 20% pour permettre des crues artificielles visant à simuler les cycles naturels dans les plateaux de la Kafue, une zone humide exceptionnellement conservée et de grande importance socio-économique au cœur de la zone agricole et industrielle de la Zambie. Pour développer et mettre en œuvre la troisième itération des règles de fonctionnement du barrage et augmenter ainsi les avantages des crues artificielles, un partenariat a été établi entre le propriétaire et l'exploitant, le régulateur et une ONG internationale. Ce partenariat a développé avec succès de nouvelles règles qui imitent mieux les cycles naturels sans perturber la production d'électricité [1].

4.7.3. La gestion des crues

En stockant ou en déviant les eaux, les barrages modifient la répartition et le calendrier naturels du débit du cours d'eau en aval, l'effet le plus courant étant une réduction du pic de crue et, par conséquent, une réduction de la fréquence, de l'étendue et de la durée de l'inondation des plaines. Cette réduction des inondations annuelles en aval peut diminuer la productivité naturelle des plaines et des deltas. Les effets sont particulièrement importants pour les écosystèmes fortement saisonniers liés aux inondations.

Au cours des dix dernières années, des efforts ont été déployés pour atténuer les effets négatifs des barrages, dont certains sont réversibles, les crues artificielles des réservoirs pouvant restaurer la productivité en aval.

La gestion efficace des crues exige un programme intégré de contrôle, en utilisant par exemple des remblais et des digues pour protéger certaines zones, tout en renforçant les crues dans les zones où davantage d'eau est nécessaire. Une réglementation peut être mise au point par un organisme indépendant.

Le maintien de crues artificielles à l'aval du cours d'eau et l'établissement d'un scénario de gestion de l'eau permettent de réhabiliter les écosystèmes endommagés des estuaires et des zones inondables et de concilier ainsi les intérêts des différentes parties prenantes.

Les crues artificielles doivent tenir compte d'un environnement durable, de l'efficacité économique et de l'égalité sociale. Les questions suivantes sont posées :

- Quelle quantité d'eau lâcher et quand,

- Comment adapter la gestion à ce qui est observé et perçu,

- Quels sont les impacts des crues artificielles,

- Comment promouvoir un accès équitable aux ressources naturelles restituées et renforcer en même temps la biodiversité.

EFR usually covers three major hydrological variables: water quality, minimum flows and managed flood releases. Using EFR requires a good understanding of a particular ecosystem's response to change in river flows and water quality. As dam releases for ecosystem benefits may reduce hydropower production, for example, there will be a willingness to reduce such direct project benefits for the greater indirect social and environmental good.

EFR are increasingly being applied retroactively, currently used in 25 countries worldwide, many dams can be managed differently to provide or restore downstream ecosystem and economic benefits, while not jeopardizing their original function of power generation or water storage and supply, an example for such mitigation the Itezhi-Tezhi Dam, Zambia, which provides partial river regulation for the 900 megawatt *Kafue* Gorge hydropower plant. The dam was completed in 1977 with an additional storage volume of 20% to allow managed flood release to simulate natural cycles in the Kafue flats, a wetland area of exceptional conservation and socio-economic importance at the heart of Zambia's agricultural and industrial zone. To develop and implement the third iteration of dam's operating rules and thereby increase the benefits from managed flood releases, a partnership was formed between the owner and operator, the regulator and an international NGO. The partnership successfully developed new rules that mimic natural cycles better while not affecting power generation [1].

4.7.3. Managing floods

By storing or diverting water, dams alter the natural distribution and timing of stream flows downstream from a dam, the most common effect is a reduction of the flood peak and, therefore, a reduction of the frequency, extent and duration of floodplain inundation. This reduction in downstream annual flooding may reduce the natural productivity of floodplains and deltas. The effects are particularly significant for strongly seasonal, flood-related ecosystems.

In the past ten years, efforts have been made to alleviate the negative impacts of dams, some of these adverse impacts are reversible and managed flood releases from the reservoirs can restore downstream productivity.

Effective flood management demanded an integrated control programme, for example using embankments and levees to protect some areas, while enhancing flooding in areas where more water was required. Regulation could be best achieved by an independent body.

By maintaining artificial flood in the river's downstream and determining the water management scenario to rehabilitate the degraded estuarine and floodplain ecosystems and so reconcile the interests of a diversity of stakeholders.

The managed flood releases have to take into consideration environmental sustainability, economic efficiency and social equity. Practically, the questions were:

- How much water to release and when,

- How to adapt the management to observed and perceived,

- Impacts of the artificial flood releases,

- How to promote equitable access to the restored natural resources and, at the same time, enhance biodiversity.

En abordant les problèmes rencontrés par les communautés en aval, certains exploitants de barrages ont tenté de simuler les effets des pluies annuelles, en lâchant délibérément de grandes quantités d'eau pendant la période d'inondation normale. Dans la majorité des cas, les crues artificielles sont une stratégie assez récente, mais en Zambie, les lâchers d'eau à partir du barrage d'Itezhi-tezhi sur la rivière *Kafue* sont pratiqués depuis plus de vingt ans. Il s'agit là d'un cas exceptionnel, le concept de flux des lâchers d'eau étant intégré dans la conception du barrage, 15% des eaux retenues par le barrage étant prévues pour les crues artificielles [1].

D'autres bassins versants ont montré des avantages plus évidents en matière de lâchers d'eau. Au Cameroun, l'écosystème de la zone inondable et des systèmes d'exploitation agricole de Waza Logone ont été sensiblement rétablis suite à un programme d'inondations artificielles. Au Kenya, les crues artificielles sont prises en considération dans la conception du barrage Grand Falls sur le fleuve Tana [1].

Le Tana est le plus grand fleuve du Kenya. Il prend sa source dans les hautes terres près de Nairobi et du Mont Kenya et coule sur plus de 250 km à travers les plaines côtières monotones jusqu'à l'océan indien. Le Tana possède une vaste plaine et un delta, qui constituent le cœur vital pour des milliers de personnes qui bénéficient des effets des crues pour leur survie grâce à l'agriculture de subsistance, la pêche, l'élevage et l'horticulture. Les zones humides de la zone d'inondation en aval et du delta constituent le principal refuge du bétail et de la faune venant d'une vaste zone extrêmement aride la majeure partie de l'année. La planification est en cours pour aménager l'amont de la plaine inondable à Mtonga (ou Grand Falls) en vue de réaliser plusieurs centrales hydroélectriques destinées à répondre à la demande croissante en électricité du Kenya. Les études menées par les concepteurs et les promoteurs ont montré que la plaine inondable et ses crues sont une ressource très importante aussi bien à l'échelle locale que nationale et qu'elles doivent si possible être conservées. Par conséquent, le barrage en cours de conception stockera assez d'eau pour créer une crue en aval par des lâchers substantiels ainsi que pour produire l'électricité nécessaire. En outre, les concepteurs du barrage, reconnaissant que le limon est aussi important que l'eau pour le maintien de la productivité de la plaine inondable, examinent les moyens de lâcher le limon avec l'eau des crues.

Outre les détails techniques, le principal problème rencontré par les ingénieurs est une connaissance insuffisante de la quantité d'eau nécessaire pour simuler une crue et le moment où elle a lieu par rapport aux précipitations locales et en amont. Le Tana inférieur n'est pas un simple cours d'eau qui déborde sur la plaine inondable. En outre, la contribution aux inondations de courte durée des canaux parallèles, des cours d'eau locaux et des écoulements souterrains est encore mal comprise. Cependant, une étude de modélisation est en cours pour combler ces lacunes en utilisant les données des crues historiques et récentes. Ces données montrent que les crues similaires "normales" des plaines inondables (telles que mesurées par l'hydrogramme de crue à Garissa) sont attribuées à une série de différents débits à partir du site du barrage. La figure ci-dessous montre trois hydrographes possibles de lâchers (A, C & D, en pointillé dans la figure) variant énormément en volume, qui peuvent tous produire la crue souhaitée en aval (en gras dans la figure) selon les conditions hydrologiques dans le reste des bassins versants. Cela signifie que les précipitations régionales, l'humidité du sol et les eaux des affluents doivent toutes être surveillées pour réaliser un lâcher optimal. Malgré cette complexité, il est prévu que la conception finale se traduise par un barrage répondant à la demande d'électricité en respectant les besoins de la plaine inondable en aval.

In addressing the problems faced by downstream communities, some dam authorities have attempted to simulate the effects of the annual rains, by deliberately releasing large amounts of water during the normal flooding period. In the majority of cases, managed releases are quite a recent strategy, but in Zambia, flood releases have been made from the Kafue River's Itezhi-tezhi dam for over twenty years. This is an exceptional case as the concept of flood flow releases was incorporated into the design of the dam; 15% of the water held by the dam was designated for flood releases [1].

Other river basins have shown clearer benefits from flood releases. In Cameroon, the Waza-Logone floodplain ecosystem and farming systems have been substantially restored following a re-inundation programme. In Kenya managed releases are being considered in the design of the Grand Falls dam on the Tana River [1].

The Tana River is the largest in Kenya. It rises in the highlands near Nairobu and Mt Kenya and then flows for more than 250 km over the flat, dry coastal plain to the Indian Ocean. The Tana has an extensive floodplain and delta, which is the mainstay for thousands of people who use the results of the floods for their survival through subsistence agriculture, fishing, livestock rearing and horticulture. The wetlands of the lower floodplain and delta are the main refuge of livestock and wildlife from a wide area that is extremely arid for most of the year. Planning is underway to dam the Tana upstream of the floodplain at Mtonga (or Grand Falls) to accommodate several hydropower plants to satisfy the increasing electricity demand within Kenya. Investigations by the designers and developers have shown that the floodplain and its floods are a very significant resource both locally and nationally and that they should be retained if possible. Consequently, a dam is being designed that will store enough water to produce a flood downstream through substantial releases as well as produce the necessary electricity. Furthermore, recognising that silt is as important as water for the maintenance of the productivity of the floodplain, the dam designers are looking at the potential for releasing silt together with the flood water.

Apart from the engineering details, the main problem faced by the engineers is inadequate knowledge of the amount of water required to simulate a flood and the timing of this in relation to upstream and local rainfall. The lower Tana is not a simple channel that overflows onto the floodplain. Furthermore, the contribution to flooding from parallel channels, from short-lived local streams and from subsurface flows is still poorly understood. However, a modelling study is currently underway to address these limitations using data from historical and recent floods. These data show that similar "normal" floodplain inundations (as measured by the flood hydrograph at Garissa) have resulted from a range of different flows from the dam site. The figure below shows three possible flood release hydrographs (A, C & D - broken lines) varying enormously in volume, which can all produce the desired flood downstream (solid line) depending on the hydrological conditions in the rest of the catchments. This means that regional rainfall, soil moisture and flows from tributaries must all be monitored if the optimum release is to be made. Despite this complexity, it is anticipated that the final design will result in a dam that meets the demand for electricity and respects the needs of its floodplain downstream.

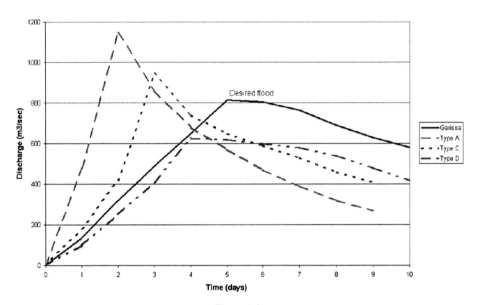

Figure 4.3.
Trois hydrogrammes de crues artificielles donnant la même crue dans la plaine inondable

Discharge	*Lâcher d'eau*
Time (days)	*Temps (jours)*
Desired flood	*Débit souhaité*

Les crues artificielles impliquent un compromis avec d'autres usages possibles de l'eau. Qu'elles soient artificielles ou non, les crues sont appropriées et leur taille, fréquence, durée et calendrier doivent faire l'objet d'un processus de prise de décision adéquat qui comprend des coûts directement quantifiables et des mesures non financières de la biodiversité et du bien-être de l'homme.

Il est recommandé que les lignes directrices suivantes soient suivies pour provoquer efficacement des crues artificielles à partir de réservoirs :

1. Définir les objectifs pour les crues artificielles.

2. Evaluer la faisabilité financière globale

3. Développer la participation des parties prenantes et l'expertise technique.

4. Définir les liens entre les crues et l'écosystème.

5. Définir les options de crues artificielles.

6. Evaluer les impacts des options de crue.

7. Sélectionner la meilleure option de crue.

8. Concevoir et construire des ouvrages d'art.

9. Procéder à des lâchers d'eau.

10. Surveiller, évaluer et adapter le programme de lâchers d'eau.

Des résultats optimaux seront obtenus en lâchant les eaux du réservoir pour compléter les périodes de fort ruissellement dans la zone du bassin d'alimentation en aval du barrage. Par conséquent,

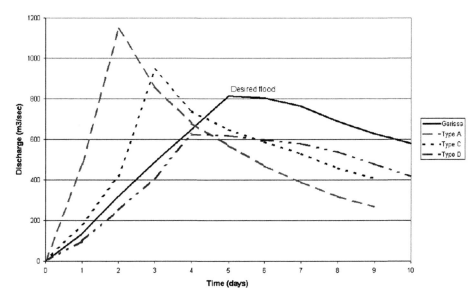

Figure 4.3.
Three release flood hydrographs giving the same floodplain inundation

Managed flood releases involve a trade-off with other potential uses of the water. Whether or not managed floods are appropriate - and if so what their size, frequency, duration and timing should be - requires an appropriate decision-making process that includes directly quantifiable monetary values and non-monetary measures of biodiversity and human welfare.

The main recommended guidelines that need to be undertaken to achieve effective managed flood releases from reservoirs are:

1. Define objectives for flood releases.

2. Assess overall financial feasibility.

3. Develop stakeholder participation and technical expertise.

4. Define links between floods and the ecosystem.

5. Define flood release options.

6. Assess impacts of flood options.

7. Select the best flood option.

8. Design and build engineering structures.

9. Make releases.

10. Monitor, evaluate and adapt release program.

Optimal results would be achieved by releasing water from the reservoir to supplement periods of natural high runoff from the catchment's area downstream of the dam. Consequently, releasing

les lâchers pour créer des crues artificielles ne sont pas une solution aisée. Elle nécessite une expertise technique, une connaissance détaillée de l'utilisation des terres et de l'écologie des écosystèmes en aval, et une étroite collaboration avec les utilisateurs des ressources de la plaine inondable.

Reproduire le régime naturel des crues en aval d'un barrage n'est pas possible, même si cela est souhaitable. Avec les crues artificielles, l'objectif est de trouver un compromis au niveau de la distribution d'eau entre les crues artificielles et de retenir suffisamment d'eau dans le réservoir pour soutenir les activités pour lesquelles le barrage a été initialement construit, ou dans le cas des nouveaux barrages, les activités pour lesquelles il est construit. La gestion réussie des crues artificielles requiert la coordination des diverses institutions impliquées. Dans de nombreux cas, il y a des lacunes ou des redondances sur le plan des responsabilités des institutions qu'il faut régler pour atteindre les résultats escomptés.

4.8. REFERENCES

ACREMAN, M. *Managed flood releases from reservoirs: issues and guidance, prepared for thematic review II*.1 (Dams, ecosystem functions and environmental restoration.

ADAMS, W. *Downstream impacts of dams*, contribution paper, prepared for thematic review I.1.

BASSON, G.R. (2004), *Hydropower dams and fluvial morphological impacts, an African prospective.*

BISWAS, A. K.; TORTAJADA, C. 2001. *Development and large dams: A global perspective.* International Journal of Water Resources Development.

COLLIER,U, Etal, *Rivers at Risk – Dams and the future of freshwater ecosystems.*

DAMS, August 2000, official newsletters of the World Commission on Dams, No.7.

DFID, July 2000, *Environmental research Programme, Infrastructure and Urban Development Division, managed flood from reservoirs: issues and guidance.*

DUVAIL, S, ET AL, *Mitigation of negative ecological and socio-economic impacts of the Diama dam on the Senegal River Delta wetland (Mauritania), using a model-based decision support system.*

GRAF, W.L, *Downstream hydrologic and geomorphic effects of large dams on American rivers.*

ICOLD, International Committee on large Dams, 1988, *World register of Dams.*

Implementation of the WCD recommendations within German Development cooperation, experience of GTZ and KfW, June 2004.

KASHAIGILI, J, Environmental flows allocation in river basins: Exploring allocation challenges and options in the Great Ruaha River catchment's in *Tanzania.*

LISHENG S, 2004, *River management and ecosystem conservation in China.*

MCCARTNEY, M.P, *Managing the environmental impact of dams.*

MCCARTNEY. M, SULLIVAN. C, ACREMAN. M, *Ecosystem impacts of large dams.*

SAAD,M.B.A, *Nile river morphological changes due to the construction of high Aswan dam.*

STERNBERG, S, *Damming the river: a changing perspective on altering nature.*

UNEP, background paper Nr.2, prepared for IUCN/UNEP/WCD, Ecosystem impacts of large dams.

UNITED NATIONS ENVIRONMENT PROGRAMME, Dam and Development Project, February 2006.Dams & development, relevant practices for improved decision making, REV 0.7.

WCD (WORLD COMMISSION ON DAMS), November 2000. *Dams and Development, a new framework for decision making.*

WCD CASE STUDIES, January 2000, Tucurui Hydropower Complex (Brazil).

WCD CASE STUDIES, March 2000, China country review paper, experience with dams in water and energy resources development in the People's Republic of China.

WCD, WORLD COMMISSION ON DAMS, 2004, Thematic reviews, Environmental Issues II.1, dams, ecosystem functions and environmental restoration.

WAYNE D. ERSKINE, *Downstream geomorphic impacts of large dams: the case of Glenbawn Dam, NSW.*

managed floods is not straight-forward. It requires technical expertise, a detailed understanding of the land-use and ecology of downstream ecosystems and close collaboration with the users of floodplain resources.

Reproducing the natural flooding regime downstream of a dam is not possible, even if desirable. The aim of managed floods is to find a compromise in the allocation of water between managed flood releases and retaining sufficient water within the reservoir to support activities for which the dam was originally built or, in the case of new dams, for which it is being built. The successful management of flood releases require co-ordination of the various institutions involved. In many cases, there are gaps or overlaps in responsibilities of institutions that need to be addressed to achieve the desired outcomes.

4.8. REFERENCES

ACREMAN, M. *Managed flood releases from reservoirs: issues and guidance, prepared for thematic review II.*1 (Dams, ecosystem functions and environmental restoration.

ADAMS, W. *Downstream impacts of dams*, contribution paper, prepared for thematic review I.1.

BASSON, G.R. (2004), *Hydropower dams and fluvial morphological impacts, an African prospective.*

BISWAS, A. K.; TORTAJADA, C. 2001. *Development and large dams: A global perspective.* International Journal of Water Resources Development.

COLLIER,U, Etal, *Rivers at Risk – Dams and the future of freshwater ecosystems.*

DAMS, August 2000, official newsletters of the World Commission on Dams, No.7.

DFID, July 2000, *Environmental research Programme, Infrastructure and Urban Development Division, managed flood from reservoirs: issues and guidance.*

DUVAIL, S, ET AL, *Mitigation of negative ecological and socio-economic impacts of the Diama dam on the Senegal River Delta wetland (Mauritania), using a model-based decision support system.*

GRAF, W.L, *Downstream hydrologic and geomorphic effects of large dams on American rivers.*

ICOLD, International Committee on large Dams, 1988, *World register of Dams.*

Implementation of the WCD recommendations within German Development cooperation, experience of GTZ and KfW, June 2004.

KASHAIGILI, J, Environmental flows allocation in river basins: Exploring allocation challenges and options in the Great Ruaha River catchment's in *Tanzania.*

LISHENG S, 2004, *River management and ecosystem conservation in China.*

McCARTNEY, M.P, *Managing the environmental impact of dams.*

MCCARTNEY. M, SULLIVAN. C, ACREMAN. M, *Ecosystem impacts of large dams.*

SAAD,M.B.A, *Nile river morphological changes due to the construction of high Aswan dam.*

STERNBERG, S, *Damming the river: a changing perspective on altering nature.*

UNEP, background paper Nr.2, prepared for IUCN/UNEP/WCD, Ecosystem impacts of large dams.

UNITED NATIONS ENVIRONMENT PROGRAMME, Dam and Development Project, February 2006.Dams & development, relevant practices for improved decision making, REV 0.7.

WCD (WORLD COMMISSION ON DAMS), November 2000. *Dams and Development, a new framework for decision making.*

WCD CASE STUDIES, January 2000, Tucurui Hydropower Complex (Brazil).

WCD CASE STUDIES, March 2000, China country review paper, experience with dams in water and energy resources development in the People's Republic of China.

WCD, WORLD COMMISSION ON DAMS, 2004, Thematic reviews, Environmental Issues II.1, dams, ecosystem functions and environmental restoration.

WAYNE D. ERSKINE, *Downstream geomorphic impacts of large dams: the case of Glenbawn Dam, NSW.*

9781138491229